美式家庭烘焙

〔日〕岛泽安从里◇著　　唐晓艳◇译

电子音像出版社

Unicorn Bakery

前 言

Introduction

小时候，我的母亲苏珊总是亲手为我烘焙甜点，我在这样的环境中成长，对手工、绘画尤为感兴趣。在国际学校担任美术指导期间，我会亲自为学生制作生日蛋糕和定制蛋糕，还会烘焙甜点在义卖会上贩卖。我做的不是日式甜点，而是依照母亲的食谱做出的最地道的英式和美式甜点，深受大家好评。

2012年，以结婚生子为契机，我准备迎接新的挑战——开一家甜品店。2013年，我与母亲一同开办了这家叫“Unicorn Bakery”的甜品店。

继承母亲的衣钵，为大家提供正宗的美式和英式传统烘焙甜点。我想在甜品店营造出一种“在朋友家吃妈妈亲手烘焙的甜点”的氛围，因此格外重视口味的纯正，选用当地特有的香料、碧根果、椰枣等地道食材，和妈妈一起为客人烘焙甜点。

本书首次公开店内人气甜品的做法，如玛芬、布朗尼、戚风蛋糕等，让大家在家也能做出美味的甜点。如果你想吃哪一款甜点，那就尝试亲自动手做吧。

Unicorn Bakery

岛泽安从里

目 录 CONTENTS

Part 1 烘焙基础

Part 2 Unicorn Bakery 的甜点烘焙食谱

本书的说明

本书介绍了各种各样烘焙甜点的食谱。基础款甜点和高难度甜点的食谱特意按照步骤拍摄了照片。没有拍摄照片的食谱也专门在“POINT”一栏内强调了制作诀窍和重点，供大家参考。

开始制作前需要做哪些准备，也在“准备工作”一栏做了详细介绍，为了能成功烘焙出美味的甜点，请大家务必仔细阅读。

关于材料和分量

- 每份食谱中都记录了成品的分量，制作时可参考，饼干和司康是按照最终个数计算的。
- 使用含盐黄油。
- 1 小勺 =5mL、1 大勺 =15mL、1 杯 =240mL。用小勺和大勺计量粉类时，粉末表面需与计量勺边缘持平。

PART

1

BASICS OF BAKING

烘焙基础

介绍烘焙必备的材料和工具，以及准备工作。

抓住要点，制作出美味的甜点。

美式、英式烘焙甜点

Unicorn Bakery出品的烘焙甜点都是正宗的美式和英式甜点。司康、玛芬、胡萝卜蛋糕、磅蛋糕等都是按照当地最地道的做法烘焙而成的。

提起英式甜点，就不得不提司康，司康是英式下午茶不可或缺的点心。司康抹上凝脂奶油和果酱，再配上一杯红茶，就成了英式下午茶中最经典的“Cream Tea”了。发祥于苏格兰的快速面包（不加酵母做成的点心和面包）迅速在整个英国流行，后来传到了美国，人们在原来的基础上加入巧克力豆、坚果、水果干等，开发出更多的品种。本书介绍了胡萝卜蛋糕、姜饼蛋糕，但还有很多像松饼之类的黄油香味浓郁的传统烘焙甜点未能一一介绍。

当然，美国也有许多烘焙甜点。一杯咖啡搭配一块手掌大小的饼干是美国最经典的场景之一。布朗尼是深受美国人追捧的一款甜点，原味面坯内加入奶油奶酪做出大理石花纹、或者加入坚果等配料，每家店、每个家庭都有不同的做法。玛芬也是美国甜点的代表，可以加入坚果、水果干、香料、巧克力豆等形形色色的配料，口味丰富。此外，还有很多甜点会加入蔬菜，比如南瓜、西葫芦、胡萝卜等，味道和日式甜点截然不同。

本书介绍以司康、玛芬、戚风、磅蛋糕为代表的蛋糕，以及饼干等各色美式和英式烘焙甜点。

1
2
3
4
5
6
7
7
8
9
10
11
12
13
14
15
PYREX
Panasonic

tools

{工具}

下面给大家介绍几款常用工具和便捷小工具，可用家里现有的工具代替。

1 碗

最好选用口径大的不锈钢碗，分别备齐大、中、小不同尺寸的碗。

2 面粉筛

推荐选用省力的面粉筛，可用过滤筛代替。

3 模具

玛芬、戚风蛋糕等甜点制作需要使用的专用模具，具体尺寸可按食谱中的需要来准备。

4 冷却架（网）

放置、冷却刚出炉的点心。可以避免点心软塌，破坏质感。

5 玛芬纸杯、烤盘用烘焙用纸

铺在模具或烤盘内的纸。可以防止模具或烤盘内沾上面糊。玛芬纸杯选用与模具相匹配的尺寸。

6 计量勺

计量勺。1 大勺 =15mL、1 小勺 =5mL。

7 计量杯

黄色量具用于计量粉类，计量液体或者混合材料时，最好选用 500mL 的计量杯。1 大杯 =240mL。

8 刮刀

涂抹糖霜、给烤好的点心脱模。刀刃部位有一定角度的刮刀更好用。

9 打蛋器

推荐选用顺手、省力的款式。

10 木铲、硅胶铲

混合材料时使用。硅胶铲更易将碗内的原料搅拌成团。

11 刷子

烤制时涂抹蛋液，装饰蛋糕时涂抹糖浆，也可用勺子代替。

12 勺子

用途广泛，可搅拌、舀盛。较大的勺子使用更方便。

13 电动打蛋器

一种电动的打发工具。打发戚风蛋糕蛋清时使用电动打蛋器更省力。

14 压花模

用于制作司康。将面团切成几等份后再整形。

15 冰激凌勺

制作玛芬或杯子蛋糕等甜点时，用于往模具内舀面糊，可用普通勺子代替。

1
2
3
4
5
6
7
8
9
10
11
12
13
14
15
16
17
18
CAKE
バニラビーンズ
エッセンス

ingredients

{材料}

下面介绍一下常用的材料。可以在烘焙用品店或进口食品店内购买。

1 盐

建议使用富含矿物质的天然盐。

2 可可粉

选用不含砂糖和牛奶成分的点心专用可可粉。

3 面粉

制作蛋糕、玛芬等松软细腻口感的甜点时使用低筋面粉；制作口感筋道的面包时使用高筋面粉。制作面包和司康也可以使用全麦粉。

4 上白糖 *

使用无异味、易溶化的砂糖。

5 泡打粉

可以让面坯纵向延展，用于制作蛋糕和玛芬。

6 小苏打

可以让面坯横向延展，微苦。

7 糖粉

质地细腻，可快速溶化。用于制作糖霜。

8 黑砂糖

甜味柔和，香味醇厚。也可用红糖代替。

9 小麦胚芽

小麦内部发芽的部位。有一种温和诱人的香味。

10 玉米粉

用干燥的玉米磨成的面粉。用于制作玉米粉糕。

11 香草精

本书中使用的天然香草萃取液，可用香草精代替。香草精香味浓烈，需少量添加。

12 枫糖浆

风味独特，用于突出甜点口味的醇厚。

13 甜点专用巧克力

选用可可含量更高、更优质的巧克力，做出来的甜点更美味。

14 黄油

本书中使用的是含盐黄油。

15 牛奶

不限品牌，但是不能使用无脂牛奶或低脂牛奶。

16 鸡蛋

使用 M ~ L 大小的鸡蛋。尽可能选用新鲜鸡蛋。

17 菜籽油

适合用于制作口味清淡的甜点。可用没有香味和味道的植物油代替。

18 香料、坚果、水果干

可根据个人喜好随意选择。香料最好使用粉末状的。

关于柠檬皮和橙子皮

用奶酪擦等工具把生柠檬的皮擦成丝再使用。橙子皮用的是市面上销售的切碎的橙子皮。如果购买的是有机橙子，也可直接将橙子皮擦成丝后使用。

* 上白糖是砂糖中的精品，其颗粒极为细致 (0.1 ~ 0.2mm)、水份多、湿润、保湿性佳，烘焙时较易呈现色泽。

preparation

{准备工作}

烘焙甜点，准备工作十分重要。
在此介绍一些关于准备工作的注意事项。

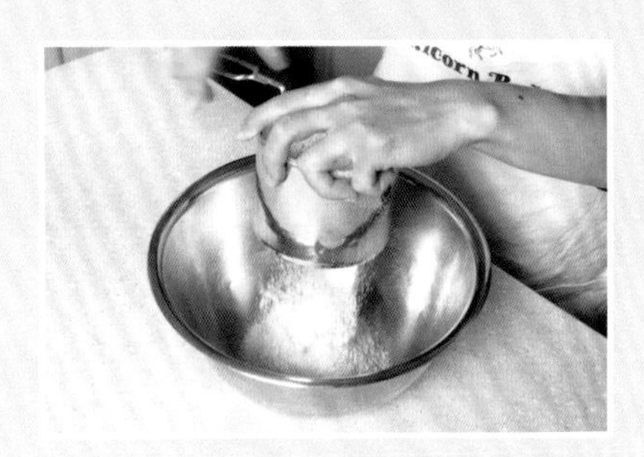

粉类过筛

除个别食谱，一般食谱都要求将低筋面粉过筛后再使用。过筛后的面粉不易结块，更容易与其他材料混合均匀。有的食谱还会用到泡打粉等粉类，可以将全部粉类混合后再一并过筛。

室温下软化黄油

除了制作奶酥和司康，其他甜点需使用黄油时，都必须提前放置室温下软化。用手指轻轻摁一下，如果能摁出坑，说明软化程度刚刚好。

模具涂上起酥油、撒上低筋面粉

为了方便脱模，会在模具上涂一层薄薄的起酥油，也可使用黄油，但起酥油性价比更高，再撒上一层低筋面粉即可。但需注意，制作戚风蛋糕时，模具内一定不能涂抹任何油类和粉类。

模具内铺上烘焙用纸

使用方形模具时，把烘焙用纸裁剪成合适尺寸铺在上面即可，四角分别剪出豁口更容易铺开。玛芬模具需放入纸质玛芬蛋糕杯后再使用。

烘烤坚果

如果需要用到坚果做配料或装饰，提前用烤箱烤一下会更香。将坚果放在铺好锡纸的烤盘上，烤到稍微上色即可。

预热烤箱

烘焙甜点最重要的就是烤箱的温度。烘烤甜点时，需将烤箱提前预热到指定温度。有的面坯需要花时间发酵，因此需根据具体情况调整预热烤箱的时间。

Point

不同型号的烤箱即使烘烤时间、温度相同，烤出来的效果也会有差异。需要根据自家烤箱的实际情况，调整烤制时间。如果表面快要烤焦，可以盖上锡纸。

buttermilk

{ 酪乳 }

牛奶中的乳脂可提取出来加工成黄油，提取乳脂后剩下的液体即是酪乳。酪乳带有酸味，比较浓稠。低脂、口味清淡的酪乳可直接饮用，也可用于制作各类点心或面包。在美国，酪乳十分常见，但日本市面上几乎没有。在此，给大家介绍一种家庭简易自制酪乳的方法。

材料（总量250mL）
苹果醋（柠檬汁）……2大勺
牛奶……适量

做法

选一个稍大的量杯，放入苹果醋，再加入牛奶至250mL，常温下静置2～3小时，待牛奶变成酸奶状即可。不同季节、不同室温所需的时间略有差异，可根据实际情况调整发酵时间。

food storage

{食物储存}

烘焙甜点的保存方法。

不同环境、不同季节，甜点的状态也会不同，可根据实际情况选择保存方式。

常温保存

烘焙点心一般置于常温下、用密封容器保存，但有奶酥的甜点不密封保存才能保持最佳口感。夏天的点心，要尽快食用，最多放置不超过 3 天。

- 玛芬………………………………… 3 天
- 蛋糕、布朗尼、饼干…………… 4 ~ 5 天
- 含新鲜水果的甜点……………… 3 天

* 含苹果等新鲜水果的甜点需尽快食用。

冷冻保存

部分烘焙甜点可以充分冷却后冷冻保存。布朗尼蛋糕吃完一半，剩下一半就可以冷冻保存。用保鲜膜裹好，再装入冷冻保鲜袋内，放到冰箱中冷冻，可存放一个月。奶酥类甜点无法冷冻保存。

如何解冻

冷冻过的烘焙甜点一般都是放在室温下解冻。夏天可放在冰箱冷藏室内解冻。

Point

食用冷藏或冷冻过的烘焙甜点时，只需简单一步就可令甜点如刚出炉般美味。比如，像玛芬一类的甜点可以放回烤箱稍微加热一下，这样会更好吃。关于如何才能让烘焙甜点更好吃，请参照 P92。

PART

2

UNICORN BAKERY RECIPES

甜点烘焙食谱

店内颇具人气的各式美味甜点的做法。

香蕉巧克力豆玛芬

Banana Chocolate Chip Muffin

散发着沁人心脾香味的奶酥，酥脆又绵软的多重口感。
如果没有巧克力豆，那就做香蕉玛芬吧。

材料（直径 5cm、高 3cm 的玛芬模具 12 个份）

香蕉……280g

A
- 鸡蛋……1 个
- 菜籽油……75mL
- 上白糖……150g
- 天然香草萃取液……1 小勺

B
- 低筋面粉……190g
- 泡打粉……1 小勺
- 小苏打……1 小勺
- 肉桂粉……1 小勺
- 盐……3g

巧克力豆……70g

◎奶酥

C
- 低筋面粉……35g
- 肉桂粉……1/2 小勺
- 上白糖……60g

黄油……15g

◎装饰

巧克力豆……适量

【准备】

- B 分开过筛后混合备用。
- 制作奶酥的黄油切小丁后放入冰箱内冷藏，使用时再取出。
- 烤箱预热至 190℃。

做法

◎制作面糊

1 将玛芬纸杯放入玛芬模具内。

2 将香蕉放入稍大的碗内，用捣碎器或叉子捣碎。

3 往 2 内加入 **A**，用电动打蛋器充分搅拌均匀。

4 将过筛的 **B** 加入 3 内，用硅胶铲稍微搅拌。

5 还残留少量干面粉时，加入巧克力豆。不要过度搅拌面糊，否则做出的玛芬会失去松软的口感。

6 往 5 内加入巧克力豆，稍微搅拌。

7 用冰激凌勺（可用勺子代替）将面糊舀至玛芬纸杯内。

◎制作奶酥

8 将 **C** 和黄油放入碗内。黄油直接从冰箱内拿出使用。

9 用手搓匀，也可用食物搅拌器搅拌。

10 搓到没有黄油丁，面粉呈现出颗粒感时即可。

11 用手或勺子将 10 撒到 7 上。

12 撒上巧克力豆，放入预热至190℃的烤箱内烘烤 20 分钟。用竹扦插一下，如果没有沾上面糊，就可以出炉了。

13 连同模具一并放在冷却架上。待其不烫手后，再给玛芬脱模，继续放在冷却架上充分冷却。

奶酥 crumble

奶酥就是由面粉、黄油、砂糖混合而成的颗粒状物，一般用于装饰玛芬或蛋糕。苹果切成一口大小，再混合上融化的黄油和柠檬汁，最后撒上厚厚的奶酥放入烤箱内烘烤，就成了一款英国最家常的甜点——“苹果奶酥（Apple Crumble）”。刚刚出炉的苹果奶酥搭配上冰淇淋，味道更赞。

Lemon Orange Muffins

柠檬橙子玛芬

柠檬和橙子为玛芬增添了一份清香的风味。

材料（直径 5cm、高 3cm 的玛芬模具 12 个份）

◎**玛芬**

上白糖……150g

A
- 低筋面粉……330g
- 小苏打……1 小勺
- 盐……1/2 小勺

B
- 酪乳（参照 P15）……250mL
- 菜籽油……60mL
- 鸡蛋……1 个
- 香草精……1 小勺

黄油……70g

柠檬皮丝……1 个份

橙子皮丝……2 大勺

◎**糖霜**

糖粉……50g

牛奶……1 大勺

◎**装饰**

橙子皮碎……适量

【准备】

- 黄油融化备用。
- 模具内放入玛芬纸杯。
- 烤箱预热至 200℃。

做法

1. 碗内放入上白糖，再将 **A** 过筛到碗内，用打蛋器搅拌均匀。
2. 将 **B** 放入一个稍大的碗内，加入融化的黄油，然后用电动打蛋器搅拌均匀。再加入 1，用硅胶铲搅拌至残留少许干粉。
3. 往 2 内加入柠檬皮丝和橙子皮丝，稍微搅拌几下。
4. 用勺子将 3 的面糊舀入玛芬模具内，七分满。
5. 放入预热至 200℃的烤箱内烤制 20 分钟左右。待表面呈现金黄色时，用竹扦扎一下，如果没有沾上面糊，即可出炉。连同模具一并放在冷却架上，稍微冷却后脱模，蛋糕继续放在冷却架上冷却。
6. 制作糖霜。碗内放入糖粉，一点点加入牛奶，用打蛋器搅拌。控制牛奶用量，搅拌至黏稠光滑。
7. 用勺子将 6 淋到玛芬蛋糕上，趁糖霜未干透时，撒上橙子皮碎。

Blueberry Muffins

蓝莓玛芬

使用新鲜或冷冻蓝莓制作而成的简单玛芬。

材料（直径 5cm、高 3cm 的玛芬模具 12 个份）

◎玛芬

上白糖……150g

A
- 低筋面粉……330g
- 小苏打……1 小勺
- 盐……1/2 小勺

B
- 酪乳（参照 P15）……250mL
- 菜籽油……60mL
- 鸡蛋……1 个
- 香草精……1 小勺

黄油……70g

蓝莓（新鲜或冷冻）……200g

【准备】

- 黄油融化备用。
- 模具内放入玛芬纸杯。
- 如果使用冷冻蓝莓，需提前自然解冻。
- 烤箱预热至 200℃。

做法

1. 碗内放入上白糖，再将 **A** 过筛到碗内，用打蛋器搅拌均匀。
2. 将 **B** 放入一个稍大的碗内，加入融化的黄油，然后用电动打蛋器搅拌均匀。再加入 1，用硅胶铲搅拌至残留少许干粉。
3. 往 2 内加入蓝莓，稍微搅拌几下。
4. 用勺子将 3 的面糊舀入玛芬模具内，七分满。
5. 放入预热至 200℃的烤箱内烤制 20 分钟左右。待表面呈现金黄色时，用竹扦扎一下，如果没有沾上面糊，即可出炉。连同模具一并放在冷却架上，稍微冷却后脱模，蛋糕继续放在冷却架上冷却。

Fig Walnut & Spice Muffins

无花果核桃玛芬

加入满满的无花果和核桃！香料的芳香乃点睛之笔。

材料（直径 5cm、高 3cm 的玛芬模具 12 个份）

◎玛芬

上白糖……150g

A
- 低筋面粉……330g
- 小苏打……1 小勺
- 盐……1/2 小勺
- 肉桂粉……2 小勺
- 丁香粉……1/2 小勺

B
- 酪乳（参照 P15）……250mL
- 菜籽油……60mL
- 鸡蛋……1 个
- 香草精……1 小勺

黄油……70g

无花果干……100g

核桃……50g

◎糖霜

糖粉……50g

牛奶……1 大勺

◎装饰

无花果干……适量

核桃……适量

【准备】

- 黄油融化备用。
- 模具内放入玛芬纸杯。
- 核桃提前烤香后冷却，切成粗颗粒备用。无花果也切碎备用。
- 烤箱预热至 200℃。

做法

1. 碗内放入上白糖，再将 **A** 筛到碗内，用打蛋器搅拌均匀。
2. 将 **B** 放入一个稍大的碗内，加入融化的黄油，然后用电动打蛋器搅拌均匀。再加入 1，用硅胶铲搅拌至残留少许干粉。
3. 往 2 内加入无花果和核桃碎，稍微搅拌几下。
4. 用勺子将 3 的面糊舀入玛芬模具内，七分满。
5. 放入预热至 200℃的烤箱内烤制 20 分钟左右。待表面呈现金黄色时，用竹扦扎一下，如果没有沾上面糊，即可出炉。连同模具一并放在冷却架上，稍微冷却后脱模，蛋糕继续放在冷却架上冷却。
6. 制作糖霜。碗内放入糖粉，一点点加入牛奶，用打蛋器搅拌。调整牛奶用量，搅拌至黏稠光滑。
7. 用勺子将 6 淋到玛芬蛋糕上，趁糖霜未干透时，撒上切碎的无花果和核桃碎。

DACOR
苹果蔓越莓玛芬
橙子巧克力豆玛芬
焦糖巧克力碧根果玛芬
核桃蔓越莓橙子玛芬

Apple Cranberry Muffins

苹果蔓越莓玛芬

新鲜的苹果搭配香甜的奶酥。

材料（直径 5cm、高 3cm 的玛芬模具 12 个份）

◎玛芬

上白糖……150g

A
- 低筋面粉……330g
- 小苏打……1 小勺
- 盐……1/2 小勺

B
- 酪乳（参照 P15）……250mL
- 菜籽油……60mL
- 鸡蛋……1 个
- 香草精……1 小勺

黄油……70g

苹果（中）……1 个

蔓越莓干……50g

◎奶酥

C
- 低筋面粉……35g
- 上白糖……60g

黄油……15g

◎装饰

苹果……适量

蔓越莓干……适量

【准备】

- 黄油融化备用。
- 模具内放入玛芬纸杯。
- 苹果洗净，带皮切成宽 2cm 的薄片。
- 奶酥用黄油切成小丁，放入冰箱内冷藏，使用时再取出。
- 烤箱预热至 200℃。

做法

1. 碗内放入上白糖，再将 **A** 过筛到碗内，用打蛋器搅拌均匀。
2. 将 **B** 放入一个稍大的碗内，加入融化的黄油，然后用电动打蛋器搅拌均匀。再加入 1，用硅胶铲搅拌至残留少许干粉。
3. 往 2 内加入苹果和蔓越莓干，稍微搅拌几下。用勺子将面糊舀入玛芬模具内，七分满。
4. 制作奶酥，将 **C** 和黄油放入碗内，用手搓均匀。搓到看不见黄油丁时，用勺子舀到 3 上，再撒上装饰的苹果和蔓越莓干。
5. 放入预热至 200℃的烤箱内烤制 22 ~ 25 分钟。用竹扦扎一下，如果没有沾上面糊，即可出炉。连同模具一并放在冷却架上，稍微冷却后脱模，蛋糕继续放在冷却架上冷却。

Caramel Pecan Nut Muffins

焦糖巧克力碧根果玛芬

焦糖巧克力与碧根果增添了醇厚的味道。

材料（直径 5cm、高 3cm 的玛芬模具 12 个份）

◎玛芬

上白糖……150g

A
- 低筋面粉……330g
- 小苏打……1 小勺
- 盐……1/2 小勺

B
- 酪乳（参照 P15）……250mL
- 菜籽油……60mL
- 鸡蛋……1 个
- 香草精……1 小勺

黄油……70g

碧根果……55g

焦糖巧克力……60g

◎奶酥

C
- 低筋面粉……35g
- 上白糖……60g

黄油……15g

◎装饰

碧根果……适量

焦糖巧克力……适量

【准备】

- 黄油融化备用。
- 模具内放入玛芬纸杯。
- 碧根果提前烘烤，冷却后切碎。
- 奶酥用黄油切成小丁，放入冰箱内冷藏，使用时再取出。
- 烤箱预热至 200℃。

做法

1. 碗内放入上白糖，再将 **A** 过筛到碗内，用打蛋器搅拌均匀。
2. 将 **B** 放入一个稍大的碗内，加入融化的黄油，然后用电动打蛋器搅拌均匀。再加入 1，用硅胶铲搅拌至残留少许干粉。
3. 往 2 内加入碧根果和焦糖巧克力，稍微搅拌几下。用勺子将面糊舀入玛芬模具内，七分满。
4. 制作奶酥，将 **C** 和黄油放入碗内，用手搓均匀。搓到看不见黄油丁时，用勺子舀到 3 上，再撒上装饰的碧根果和焦糖巧克力。
5. 放入预热至 200℃的烤箱内烤制 20 分钟左右。用竹扦扎一下，如果没有沾上面糊，即可出炉。连同模具一并放在冷却架上，稍微冷却后脱模，蛋糕继续放在冷却架上冷却。

Walnut Cranberry & Orange Muffins

核桃蔓越莓橙子玛芬

享受坚果与水果带给味蕾的双重体验。

材料（直径 5cm、高 3cm 的玛芬模具 12 个份）

◎玛芬

上白糖……150g

A
- 低筋面粉……330g
- 小苏打……1 小勺
- 盐……1/2 小勺

B
- 酪乳（参照 P15）……250mL
- 菜籽油……60mL
- 鸡蛋……1 个
- 香草精……1 小勺

黄油……70g

C
- 核桃……50g
- 蔓越莓干……50g
- 橙子皮丝……2 大勺

◎奶酥

D
- 低筋面粉……35g
- 上白糖……60g

黄油……15g

◎装饰

核桃……适量

蔓越莓干……适量

【准备】

- 黄油融化备用。
- 模具内放入玛芬纸杯。
- 核桃提前烘烤，冷却后切碎。
- 奶酥用黄油切成小丁，放入冰箱内冷藏，使用时再取出。
- 烤箱预热至 200℃。

做法

1. 碗内放入上白糖，再将 **A** 过筛到碗内，用打蛋器搅拌均匀。
2. 将 **B** 放入一个稍大的碗内，加入融化的黄油，然后用电动打蛋器搅拌均匀。再加入 1，用硅胶铲搅拌至残留少许干粉。
3. 往 2 内加入 **C**，稍微搅拌几下。用勺子将面糊舀入玛芬模具内，七分满。
4. 制作奶酥，将 **D** 和黄油放入碗内，用手搓均匀。搓到看不见黄油丁时，用勺子舀到 3 上，再撒上装饰的核桃和蔓越莓干。
5. 放入预热至 200℃的烤箱内烤制 20 分钟左右。用竹扦扎一下，如果没有沾上面糊，即可出炉。连同模具一并放在冷却架上，稍微冷却后脱模，蛋糕继续放在冷却架上冷却。

Orange Chocolate Chip Muffins

橙子巧克力豆玛芬

口味清新的橙子搭配味道醇厚的巧克力。

材料（直径 5cm、高 3cm 的玛芬模具 12 个份）

◎玛芬

上白糖……150g

A
- 低筋面粉……330g
- 小苏打……1 小勺
- 盐……1/2 小勺

B
- 酪乳（参照 P15）……250mL
- 菜籽油……60mL
- 鸡蛋……1 个
- 香草精……1 小勺

黄油……70g

橙子皮丝……2 大勺

巧克力豆……70g

◎装饰

橙子皮碎……适量

巧克力豆……适量

【准备】

- 黄油融化备用。
- 模具内放入玛芬纸杯。
- 烤箱预热至 200℃。

做法

1. 碗内放入上白糖，再将 **A** 过筛到碗内，用打蛋器搅拌均匀。
2. 将 **B** 放入一个稍大的碗内，加入融化的黄油，然后用电动打蛋器搅拌均匀。再加入 1，用硅胶铲搅拌至残留少许干粉。
3. 往 2 内加入橙子皮丝和巧克力豆，稍微搅拌几下。
4. 用勺子将面糊舀入玛芬模具内，七分满。撒上装饰的橙子皮碎和巧克力豆。
5. 放入预热至 200℃的烤箱内烤制 20 分钟左右。待蛋糕呈现金黄色时，用竹扦扎一下，如果没有沾上面糊，即可出炉。连同模具一并放在冷却架上，稍微冷却后脱模，蛋糕继续放在冷却架上冷却。

Caramel Cashew Nut Muffins

焦糖巧克力腰果玛芬

咬上一口，享受腰果酥脆的口感。

材料（直径 5cm、高 3cm 的玛芬模具 12 个份）

◎玛芬

上白糖……150g

A
- 低筋面粉……330g
- 小苏打……1 小勺
- 盐……1/2 小勺

B
- 酪乳（参照 P15）……250mL
- 菜籽油……60mL
- 鸡蛋……1 个
- 香草精……1 小勺

黄油……70g

腰果……60g

焦糖巧克力豆……60g

◎装饰

腰果……适量

焦糖巧克力豆……适量

【准备】

- 黄油融化备用。
- 模具内放入玛芬纸杯。
- 腰果提前烘烤，冷却后切碎。
- 烤箱预热至 200℃。

做法

1. 碗内放入上白糖，再将 **A** 过筛到碗中，用打蛋器搅拌均匀。
2. 将 **B** 放入一个稍大的碗内，加入融化的黄油，然后用电动打蛋器搅拌均匀。再加入 1，用硅胶铲搅拌至残留少许干粉。
3. 往 2 内加入腰果和焦糖巧克力，稍微搅拌几下。
4. 用勺子将 3 面糊舀入玛芬模具内，七分满。撒上装饰的腰果和焦糖巧克力。
5. 放入预热至 200℃的烤箱内烤制 20 分钟左右。待蛋糕呈现金黄色时，用竹扦扎一下，如果没有沾上面糊，即可出炉。连同模具一并放在冷却架上，稍微冷却后脱模，蛋糕继续放在冷却架上冷却。

Lemon Poppy Seed Muffins

柠檬奇亚籽玛芬

柠檬的香味和奇亚籽“嘎吱嘎吱”的口感是这款玛芬的亮点。

材料（直径 5cm、高 3cm 的玛芬模具 12 个份）

◎玛芬

上白糖……150g

A
- 低筋面粉……330g
- 小苏打……1 小勺
- 盐……1/2 小勺

B
- 酪乳（参照 P15）……250mL
- 菜籽油……60mL
- 鸡蛋……1 个
- 香草精……1 小勺

黄油……70g

柠檬皮丝……2 个份

奇亚籽……50g

◎糖霜

糖粉……50g

柠檬汁……1 大勺

◎装饰

柠檬皮碎……适量

奇亚籽……适量

【准备】

- 黄油融化备用。
- 模具内放入玛芬纸杯。
- 柠檬皮擦细丝后，再榨汁。
- 烤箱预热至 200℃。

做法

1 碗内放入上白糖，再将 **A** 过筛到碗内，用打蛋器搅拌均匀。

2 将 **B** 放入一个稍大的碗内，加入融化的黄油，然后用电动打蛋器搅拌均匀。再加入 1，用硅胶铲搅拌至残留少许干粉。

3 往 2 内加入柠檬皮和奇亚籽，稍微搅拌几下。

4 用勺子将 3 的面糊舀入玛芬模具内，七分满。

5 放入预热至 200℃的烤箱内烤制 20 分钟左右。用竹扦扎一下，如果没有沾上面糊，即可出炉。连同模具一并放在冷却架上，稍微冷却后脱模，蛋糕继续放在冷却架上冷却。

6 制作糖霜。碗内放入糖粉，一点点加入柠檬汁，用打蛋器搅拌，调整柠檬汁的用量，搅拌至黏稠光滑。

7 用勺子将 6 淋到玛芬蛋糕上，趁糖霜未干透时，撒上柠檬皮碎和奇亚籽。

Pumpkin Cream Cheese Muffins

南瓜奶油奶酪玛芬

一款加入了南瓜泥和香辛料的玛芬，
烤好后再挤入夹馅。

材料（直径 5cm、高 3cm 的玛芬模具 8 个份）

◎玛芬

A
- 低筋面粉……190g
- 泡打粉……1/2 小勺
- 小苏打……1/2 小勺
- 丁香粉……1/2 小勺
- 肉桂粉……1 小勺
- 肉豆蔻粉……1/2 小勺
- 盐……1/2 小勺

南瓜泥……185g

B
- 上白糖……150g
- 菜籽油……1/4 杯（60mL）
- 鸡蛋……2 个
- 水……60mL

葡萄干……60g
碧根果……60g

◎装饰

碧根果……适量

◎夹馅

奶油奶酪……100g
黄油……45g
糖粉……150g
香草精……少许

【准备】

- 模具内放入玛芬纸杯。
- 碧根果用烤箱烤好后，冷却切碎备用。
- 夹馅用奶油奶酪、黄油放置室温下软化。
- 烤箱预热至 200℃。

做法

1. 将 **A** 过筛到碗内，混合均匀。
2. 将南瓜泥放入稍大的碗内，用电动打蛋器搅拌至光滑。加入 **B**，搅拌均匀后，再加入 1，用硅胶铲搅拌至残留少许干粉。
3. 往 2 内加入葡萄干和碧根果，稍微搅拌几下。
4. 用勺子将 3 的面糊舀入玛芬模具内，七分满。撒上装饰的碧根果。
5. 放入预热至 200℃的烤箱内烤制 20 分钟左右。用竹扦扎一下，如果没有沾上面糊，即可出炉。连同模具一并放在冷却架上，稍微冷却后脱模，蛋糕继续放在冷却架上冷却。
6. 制作夹馅。将奶油奶酪、黄油放入碗内，用电动打蛋器充分搅拌均匀。加入糖粉和香草精后继续搅拌。
7. 将 6 放入装好裱花嘴的裱花袋内，往玛芬蛋糕内挤三下。（参照 POINT）

POINT

裱花嘴插入玛芬蛋糕内，挤入夹馅，可有少量夹馅溢出表面。

Apricot Cream Cheese Muffins

甜杏奶油奶酪玛芬

酸甜的杏子是最好的点缀。

材料（直径 5cm、高 3cm 的玛芬模具 8 个份）

◎玛芬

上白糖……150g

A
- 低筋面粉……330g
- 小苏打……1 小勺
- 盐……1/2 小勺

B
- 酪乳（参照 P15）……250mL
- 菜籽油……60mL
- 鸡蛋……1 个
- 杏仁精……1 小勺

黄油……70g

杏干……140g

◎奶酥

C
- 低筋面粉……35g
- 上白糖……60g

黄油……15g

◎夹馅

奶油奶酪……100g

黄油……45g

糖粉……150g

香草精……少许

◎装饰

杏干……适量

【准备】

· 黄油提前融化备用。

· 模具内放入玛芬纸杯。

· 杏干切碎备用。

· 奶酥用黄油切小丁，放入冰箱内冷藏。

· 夹馅用奶油奶酪、黄油放置室温下软化。

· 烤箱预热至 200℃。

做法

1 碗内放入上白糖，再将 **A** 过筛到碗内，用打蛋器搅拌均匀。

2 将 **B** 放入稍大的碗内，加入融化的黄油，用电动打蛋器搅拌。加入 1，用硅胶铲搅拌至残留少许干粉。

3 往 2 内加入杏干，稍微搅拌几下。

4 用勺子将 3 的面糊舀入玛芬模具内，七分满。

5 制作奶酥。将 **C** 和黄油放入碗内，用手搓均匀。搓到黄油丁消失后，用勺子舀到 4 上。

6 放入预热至 200℃的烤箱内烤制 20 分钟左右。待表面呈现金黄色后，用竹扦扎一下，如果没有沾上面糊，即可出炉。连同模具一并放在冷却架上，稍微冷却后脱模，蛋糕继续放在冷却架上冷却。

7 制作夹馅。将奶油奶酪、黄油放入碗内，用电动打蛋器充分搅拌均匀。加入糖粉和香草精后继续搅拌。

8 将 7 放入装好裱花嘴的裱花袋内，往玛芬蛋糕内挤三下。最后再撒上装饰的杏干。

Chocolate Raspberry Muffins

巧克力覆盆子玛芬

味道醇厚的巧克力内加入酸甜可口的覆盆子。

材料（直径 5cm、高 3cm 的玛芬模具 12 个份）

◎玛芬

上白糖……150g

A
- 低筋面粉……330g
- 可可粉……30g
- 小苏打……1 小勺
- 盐……1/2 小勺

B
- 酪乳（参照 P15）……250mL
- 菜籽油……60mL
- 鸡蛋……1 个
- 香草精……1 小勺

黄油……70g

巧克力豆……70g

◎装饰

巧克力豆……适量

覆盆子果酱……适量

【准备】

- 黄油提前融化备用。
- 模具内放入玛芬纸杯。
- 烤箱预热至 200℃。

做法

1. 碗内放入上白糖，再将 **A** 过筛到碗内，用打蛋器搅拌均匀。
2. 将 **B** 放入稍大的碗内，加入融化的黄油，用电动打蛋器搅拌。加入 1，用硅胶铲搅拌至残留少许干粉。
3. 往 2 内加入巧克力豆，稍微搅拌几下。
4. 用勺子将 3 的面糊舀入玛芬模具内，七分满。撒上巧克力豆。
5. 放入预热至 200℃的烤箱内烤制 20 分钟左右。用竹扦扎一下，如果没有沾上面糊，即可出炉。连同模具一并放在冷却架上，稍微冷却后脱模，蛋糕继续放在冷却架上冷却。
6. 用勺子在玛芬顶部压出小坑，放入覆盆子果酱。

Brown Sugar & Raisin Muffins

黑糖葡萄干玛芬

面糊内加入黑砂糖，味道更醇厚，甜味更柔和。

材料（直径 5cm、高 3cm 的玛芬模具 12 个份）

◎玛芬

黑砂糖……150g

A
- 低筋面粉……330g
- 小苏打……1 小勺
- 盐……1/2 小勺

B
- 酪乳（参照 P15）……250mL
- 菜籽油……60mL
- 鸡蛋……1 个
- 香草精……1 小勺

黄油……70g

葡萄干……100g

◎奶酥

C
- 低筋面粉……35g
- 黑砂糖……60g

黄油……15g

【准备】

- 黄油提前融化备用。
- 模具内放入玛芬纸杯。
- 奶酥用黄油切小丁后，放入冰箱内冷藏。
- 烤箱预热至 200℃。

做法

1 碗内放入黑砂糖，再将 **A** 过筛到碗内，用打蛋器搅拌均匀。

2 将 **B** 放入稍大的碗内，加入融化的黄油，用电动打蛋器搅拌。加入 1，用硅胶铲搅拌至残留少许干粉。

3 往 2 内加入葡萄干，稍微搅拌几下。

4 用勺子将 3 的面糊舀入玛芬模具内，七分满。撒上巧克力豆。

5 制作奶酥。将 **C** 和黄油放入碗内，用手搓均匀。搓到看不见黄油丁时，用勺子舀到 4 上。

6 放入预热至 200℃的烤箱内烤制 20 分钟左右。用竹扦扎一下，如果没有沾上面糊，即可出炉。连同模具一并放在冷却架上，稍微冷却后脱模，蛋糕继续放在冷却架上冷却。

原味司康

Plain Scones

外层酥脆、内里松软的原味司康，
可以搭配凝脂奶油和覆盆子果酱食用。

材料（直径 5cm 的圆形司康 18 个份）

黄油……110g

A
- 低筋面粉……550g
- 麦芽……20g
- 泡打粉……45g
- 上白糖……60g
- 盐……1/2 小勺

牛奶……300mL

◎装饰

鸡蛋……1 个

【准备】

· 鸡蛋提前搅打成蛋液备用。

· 烤盘内铺上烘焙用纸。

· 烤箱预热至 200℃。

POINT

如果使用食物搅拌机，可放入 **A** 和黄油一起搅拌。

做法

1 黄油切小丁，放入冰箱内冷藏，使用时再取出。将 **A** 倒入碗内，无需过筛，用打蛋器搅拌均匀。

2 黄油放入 1 内，用手将面粉与黄油快速搓匀，避免黄油融化，若黄油融化，须放回冰箱内冷藏。

3 搓到黄油丁消失，面粉呈颗粒状。

4 往 3 内加入牛奶，用叉子搅拌。

5 往 4 内分多次加入一大勺低筋面粉（分量外），用手混合均匀。

6 待面团不沾手后，将其放到撒有低筋面粉（分量外）的案板上，再往面团上撒一层低筋面粉，用手将面团按压至 2 ~ 3cm 厚。

7 撒上一层低筋面粉（分量外），用圆形压花器压出圆饼，均匀摆放到烤盘上。

8 用刷子往司康表面刷上一层装饰蛋液（也可用牛奶代替）。

9 放入预热至 200℃的烤箱内烤 18 ~ 20 分钟，待表面呈金黄色后即可出炉，放到冷却架上冷却。

Walnut Fig Scones

核桃无花果司康

加入大量核桃和无花果，甜味柔和。

材料（直径 5cm 的圆形司康 18 个份）

A
- 低筋面粉……550g
- 麦芽……20g
- 泡打粉……45g
- 上白糖……60g
- 黄油……110g
- 盐……1/2 小勺

牛奶……300mL

核桃……75g

无花果……75g

◎**装饰**

鸡蛋……1 个

【准备】

· 黄油切小丁，放入冰箱内冷藏。

· 烤好核桃冷却切碎，无花果切碎备用。

· 烤箱预热至 200℃。

做法

1 将 **A** 放入食物搅拌机内，搅拌 2 ~ 3 分钟。也可先将粉类和砂糖混合均匀，再加入黄油，用手充分搓匀。

2 看不见黄油丁时，取出面团，倒入牛奶，用叉子搅拌，再加入核桃和无花果，继续搅拌。

3 往 2 内分多次加入一大勺低筋面粉（分量外），用手揉至面团不粘手。

4 面团放到撒有低筋面粉（分量外）的案板上，用手将面团按压至 2 ~ 3cm 厚，再往面团上撒一层低筋面粉，用圆形压花器压出圆饼，均匀摆放到铺有烘焙用纸的烤盘上。

5 用刷子往 4 表面刷上一层装饰的蛋液（也可用牛奶代替）。

6 放入预热至 200℃的烤箱内烤 18 ~ 20 分钟，待表面呈金黄色后即可出炉，放到冷却架上冷却。

Cranberry Orange Scones

蔓越莓橙子司康

点缀酸甜美味的水果干。

材料（直径 5cm 的圆形司康 18 个份）

A
- 低筋面粉……550g
- 麦芽……20g
- 泡打粉……45g
- 上白糖……60g
- 黄油……110g
- 盐……1/2 小勺

牛奶……300mL
蔓越莓干……150g
橙子皮丝……70g

◎装饰
鸡蛋……1 个

【准备】
- 黄油切小丁放入冰箱冷藏。
- 烤箱预热至 200℃。

做法

1. **A** 放入食物搅拌机内，搅拌 2 ~ 3 分钟。也可先将粉类和砂糖混合均匀，再加入黄油，用手充分搓匀。看不见黄油丁时，取出面团，倒入牛奶，用叉子搅拌。
2. 往 1 内加入蔓越莓干和橙子皮丝，继续搅拌均匀。
3. 往 2 内分多次加入一大勺低筋面粉（分量外），用手揉至面团不粘手。
4. 面团放到撒有低筋面粉（分量外）的案板上，用手将面团按压至 2 ~ 3cm 厚，再往面团上撒一层低筋面粉，用圆形压花器压出圆饼，均匀摆放到铺有烘焙用纸的烤盘上。
5. 用刷子往 4 表面刷上一层装饰的蛋液（也可用牛奶代替）。
6. 放入预热至 200℃的烤箱内烤 18 ~ 20 分钟，待表面呈金黄色后即可出炉，放到冷却架上冷却。

Maple Pecan Nut Scones

枫糖碧根果司康

司康加入枫糖浆变身成美味小茶点！

材料（直径 5cm 的圆形司康 18 个份）

A
- 低筋面粉……350g
- 泡打粉……23g
- 上白糖……30g
- 黄油……160g

B
- 枫糖浆……4 大勺
- 牛奶……60mL

燕麦片……35g
碧根果……100g

◎装饰
鸡蛋……1 个

【准备】
- 黄油切小丁放入冰箱冷藏。
- 充分混合 B。
- 烤好的碧根果冷却切碎。
- 烤箱预热至 200℃。

做法

1 **A** 放入食物搅拌机内，搅拌 2 ~ 3 分钟，也可先将粉类和砂糖混合均匀，再加入黄油，用手充分搓匀。
2 看不见黄油丁时，倒入 **B**，用叉子搅拌，再加入燕麦片和碧根果，继续搅拌均匀。
3 往 2 内分多次加入一大勺低筋面粉（分量外），用手揉至面团不粘手。
4 面团放到撒有低筋面粉（分量外）的案板上，用手将面团按压至 2 ~ 3cm 厚，再往面团上撒一层低筋面粉，用圆形压花器压出圆饼，均匀摆放到铺有烘焙用纸的烤盘上。
5 用刷子往 4 表面刷上一层装饰的蛋液（也可用牛奶代替）。
6 放入预热至 200℃的烤箱内烤 18 ~ 20 分钟，待表面呈金黄色后即可出炉，放到冷却架上冷却。

Cream Cheese Marble Brownies

奶油奶酪大理石布朗尼

布朗尼是美国最具代表性的甜点之一。
布朗尼起源于二十世纪初，
据说“Brownie（布朗尼）”是一种黑夜才会现身的小妖精。
不加泡打粉，口感更湿润有层次。

材料（22cm × 25cm 的长方形模具 1 个份）

◎巧克力面糊

黄油……245g

黑巧克力……245g

A
- 上白糖……380g
- 鸡蛋……6 个
- 盐……1/2 小勺

低筋面粉……150g

◎奶油奶酪面糊

奶油奶酪……175g

B
- 上白糖……60g
- 香草精……少许
- 鸡蛋……1 个

牛奶……25mL

低筋面粉……17g

【准备】

· 黄油与奶油奶酪放置室温下软化。
· 低筋面粉过筛备用。
· 模具内铺上烘焙用纸。
· 烤箱预热至 200℃。

做法

1 制作巧克力面糊。将黄油、巧克力放入碗内，碗底隔水加热。待黄油和巧克力彻底熔化后，移开热水。

2 另取一个碗，放入 **A**，用电动打蛋器搅拌，再加入 1，继续搅拌，再加入低筋面粉，搅拌至看不见干粉，面糊细腻光滑。

3 制作奶油奶酪。奶油奶酪放入碗内，加入 **B**，用电动打蛋器搅拌，倒入牛奶，继续搅拌，最后加入低筋面粉，充分搅拌均匀。

4 将 2 倒入模具内，再倒上 3，用刮刀搅拌出大理石花纹。

5 放入预热至 200℃的烤箱内烤 35 ~ 40 分钟。晃动模具，中心部分不摇动时，即可出炉。放到冷却架上稍微冷却一下，即可脱模，然后继续放在冷却架上，彻底冷却。

POINT

往模具内倒奶油奶酪面糊时，为了防止凝固，不能只倒在一处。再用刮刀等工具左右搅拌出大理石花纹。

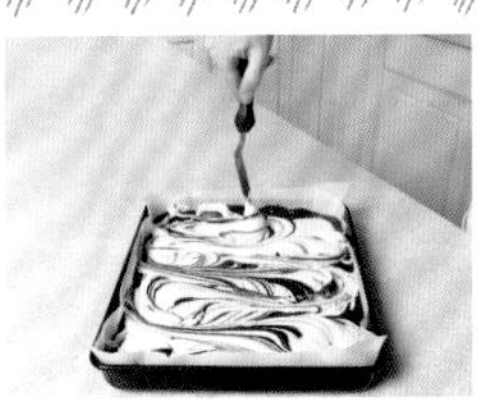

Plain Brownies

原味布朗尼

巧克力味道醇厚的原味布朗尼。

材料（边长 20cm 的正方形模具 1 个份）

黄油……245g

黑巧克力……245g

A
- 上白糖……380g
- 鸡蛋……6 个
- 盐……1/2 小勺

低筋面粉……150g

【准备】

- 黄油放置室温下软化。
- 低筋面粉过筛备用。
- 模具内铺上烘焙用纸。
- 烤箱预热至 200℃。

做法

1. 黄油、巧克力放入碗内，碗底隔水加热。待黄油和巧克力彻底熔化后，移开热水，冷却备用。
2. 另取一个碗，放入 **A**，用电动打蛋器搅拌。再加入 1，继续搅拌。再加入低筋面粉，搅拌至看不见干粉，面糊细腻光滑。
3. 将 2 倒入模具内。
4. 放入预热至 200℃的烤箱内烤 35 ~ 40 分钟。晃动模具，中心部分不摇动时，即可出炉。放到冷却架上稍微冷却一下，即可脱模，然后继续放在冷却架上，彻底冷却。

POINT

面糊倒入模具内后，可以再撒一层碎核桃，约 120g。

Raspberry Chocolate Chip Brownies

覆盆子巧克力布朗尼

加入红色的覆盆子果酱，制作成色泽红润的布朗尼。

材料（边长 20cm 的正方形模具 1 个份）

黄油……245g
黑巧克力……245g
A
- 上白糖……380g
- 鸡蛋……6 个
- 盐……1/2 小勺

低筋面粉……150g
巧克力豆……100g
覆盆子果酱……50g

【准备】

- 黄油放置室温下软化。
- 低筋面粉过筛备用。
- 模具内铺上烘焙用纸。
- 烤箱预热至 200℃。

做法

1. 黄油、巧克力放入碗内，碗底隔水加热。待黄油和巧克力彻底熔化后，移开热水，冷却备用。
2. 另取一个碗，放入 **A**，用电动打蛋器搅拌，再加入 1，继续搅拌，再加入低筋面粉，搅拌至看不见干粉，面糊细腻光滑。
3. 将 2 倒入模具内，撒上巧克力豆，淋上覆盆子果酱。
4. 放入预热至 200℃的烤箱内烤 35 ~ 40 分钟。晃动模具，中心部分不摇动时，即可出炉。放到冷却架上稍微冷却一下，即可脱模，然后继续放在冷却架上，彻底冷却。

柠檬酒戚风蛋糕

Limoncello Chiffon Cake

这是一款散发着清爽柠檬香味的戚风蛋糕，
据说灵感源于 1927 年洛杉矶一名男性保险推销员。
用蛋白制作而成的天使蛋糕，
口感轻盈如雪纺一般，因此得名。

【升级版】
如果没有柠檬酒，或者不想加酒精，可以用柠檬汁代替。还可以使用柚子和橙子。

材料（直径 17cm 的戚风模具 1 个份）

鸡蛋……3 个
菜籽油……40mL
天然香草萃取液……1/2 小勺
A 柠檬酒……1 大勺
柠檬汁……3 大勺
塔塔粉……适量
上白糖……90g
柠檬皮丝……1 大勺

B 低筋面粉……75g
泡打粉……1 小勺
盐……1/4 小勺

◎**糖霜**
糖粉……100g
柠檬酒……3 大勺
柠檬皮丝……1 小勺

◎**装饰**
开心果……适量

【准备】
- 分离蛋黄和蛋白。
- 柠檬皮丝榨汁。
- 90g 绵白糖分成两份。
- B 过筛到稍大的碗内，加入 45g 上白糖。
- 开心果切碎。
- 烤箱预热至 170℃。

做法

1 小碗内倒入蛋黄和菜籽油，用打蛋器搅拌，再加入天然香草萃取液，搅拌均匀，最后再倒入 **A**，继续搅拌均匀。

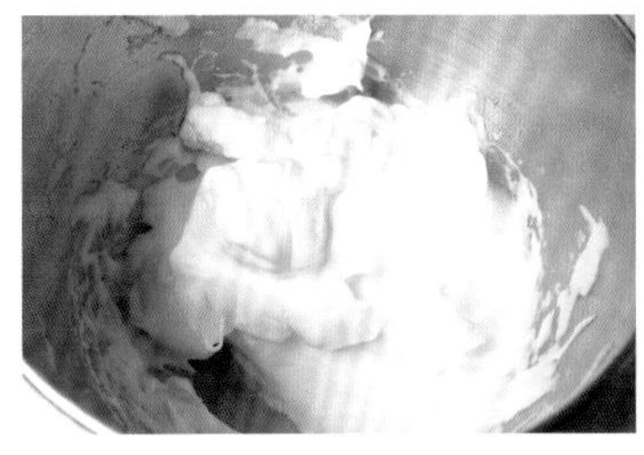

2 另一个碗内放入蛋清和 1/4 小勺的塔塔粉（可不放），用电动打蛋器打发。一点点加入 45g 上白糖，搅拌至八分发。

3 将 **B** 与上白糖混合倒入 1 中，用木铲充分搅拌，避免面粉结块，再加入柠檬皮丝，继续搅拌。

4 将 2 分三次加入到 3 内，为了防止消泡，可以用木铲或硅胶铲从下往上翻拌。

5 面糊倒入模具内，用刮刀搅拌 2 ~ 3 次，排出空气，将模具往操作台上轻轻磕打也可排出空气。放入预热至 170℃的烤箱内烤 30 ~ 35 分钟。烤制中，若发现表面烤焦，可以盖上一层锡箔纸。

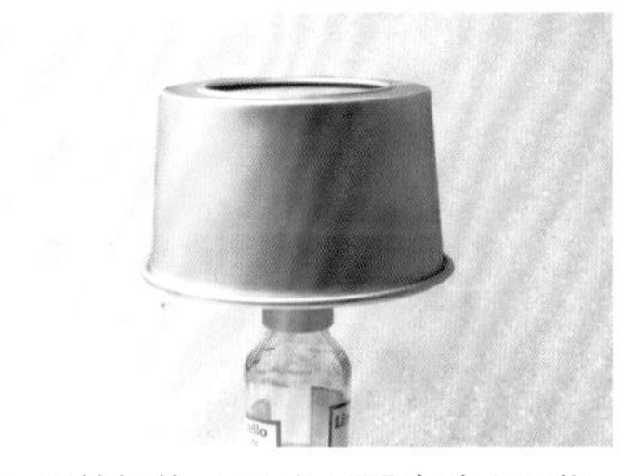

6 用竹扦扎一下，如果没有沾上面糊，即可出炉，连同模具立即倒扣冷却，可以将模具中央插在瓶子上。

7 待彻底冷却后，脱模。将小刀插入中筒周边和模具内侧，上下移动旋转一周，注意不要划伤模具。

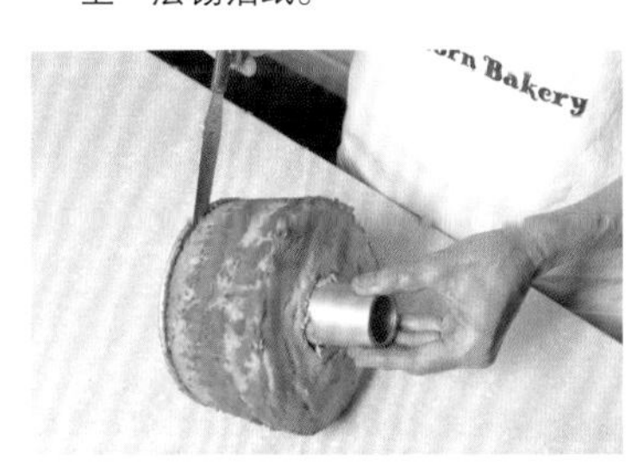

8 同样将小刀插入模具底部，去掉模具底。

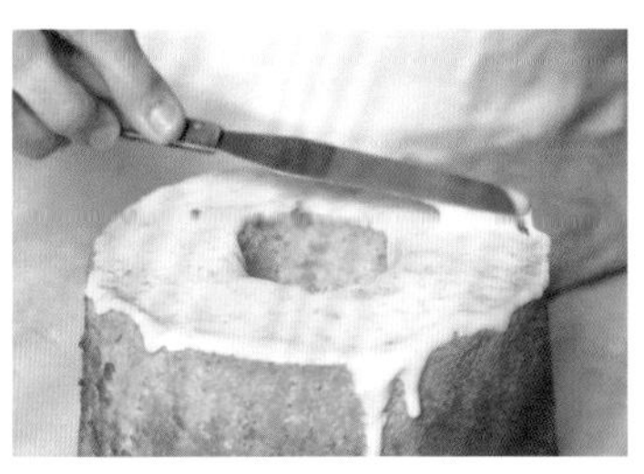

9 将制作糖霜的材料放入碗内，用勺子充分搅拌，然后用勺子舀到蛋糕上，再用刮刀均匀涂抹，最后撒上装饰的开心果。

Earl Grey Chiffon Cake

格雷伯爵红茶戚风蛋糕

加入格雷伯爵红茶，蛋糕香味馥郁。

材料（直径 17cm 的戚风模具 1 个份）

鸡蛋……3 个
菜籽油……40mL
天然香草萃取液……1/2 小勺

A
- 格雷伯爵红茶茶叶……1 大勺
- 开水……100mL

上白糖……90g

B
- 低筋面粉……75g
- 泡打粉……1 小勺
- 盐……1/4 小勺

格雷伯爵红茶茶叶……2 小勺

◎**装饰**

糖粉……适量

【准备】

· 分离蛋黄和蛋白。
· A 倒入茶杯内焖 7 ~ 8 分钟，沏成稍浓的红茶，放凉备用。
· 上白糖分成两份。
· B 过筛到稍大的碗内，加入 45g 上白糖。
· 两小勺格雷伯爵红茶茶叶用咖啡研磨器磨碎。
· 烤箱预热至 170℃。

做法

1 碗内倒入蛋黄和菜籽油，用打蛋器搅拌，再加入天然香草萃取液，搅拌均匀，最后加入 60mL 浓红茶，继续搅拌均匀。

2 另一个碗内倒入蛋清，用电动打蛋器打发。稍微打发后，一点点加入 45g 上白糖，搅拌至八分发。

3 **B** 加入 45g 上白糖，与 1 混合，用木铲充分搅拌，避免面粉结块，再加入茶叶碎，继续搅拌。

4 将 2 分三次加入到 3 内，为了防止消泡，可以用木铲或硅胶铲从下往上翻拌。

5 面糊倒入模具内，用刮刀搅 2 ~ 3 次，也可以将模具往操作台上轻轻磕打，排出空气。

6 放入预热至 170℃的烤箱内烤 30 ~ 35 分钟。烤制中，若发现表面烤焦，可以盖上一层锡箔纸。用竹扦扎一下，如果没有沾上面糊，即可出炉，连同模具立即倒扣冷却，可以将模具中央插在瓶子上。

7 待彻底冷却后，脱模。将小刀插入中筒周边和模具内侧，上下移动旋转一周，注意不要划伤模具。同样将小刀插入模具底部，去掉模具底。脱模后，筛上糖粉。

POINT

天然香草萃取液是将香草浸泡在酒内制成的，在美式甜点中起增香作用，可以在进口食品店内买到，也可以用少许香草精代替。

Chocolate Mocha Chiffon Cake

巧克力摩卡戚风蛋糕

使用滴滤咖啡是保证味道纯正的关键。

材料（直径 17cm 的戚风模具 1 个份）

鸡蛋……3 个
菜籽油……40mL
天然香草萃取液……1/2 小勺
滴滤咖啡……60mL
上白糖……90g

A
- 低筋面粉……65g
- 可可粉……15g
- 泡打粉……1 小勺
- 盐……1/4 小勺

◎**装饰**

糖粉……适量

【准备】

- 分离蛋黄和蛋白。
- 滴滤咖啡冷却至常温。
- 上白糖分成两份。
- 将 A 过筛到稍大的碗内，加入 45g 上白糖。
- 烤箱预热至 170℃。

做法

1 碗内倒入蛋黄和菜籽油，用打蛋器搅拌，再加入天然香草萃取液，搅拌均匀，最后加入咖啡，继续搅拌均匀。

2 另一个碗内倒入蛋清，用电动打蛋器打发。稍微打发后，一点点加入 45g 上白糖，搅拌至八分发。

3 A 加入 45g 上白糖，与 1 混合，用木铲充分搅拌，避免面粉结块。

4 将 2 分三次加入到 3 内，为了防止消泡，可以用木铲或硅胶铲从下往上翻拌。

5 面糊倒入模具内，用刮刀搅 2 ~ 3 次，也可以将模具往操作台上轻轻磕打，排出空气。

6 放入预热至 170℃的烤箱内烤 30 ~ 35 分钟。烤制中，若发现表面烤焦，可以盖上一层锡箔纸。用竹扦扎一下，如果没有沾上面糊，即可出炉，连同模具立即倒扣冷却，可以将模具中央插在瓶子上。

7 待彻底冷却后，脱模。将小刀插入中筒周边和模具内侧，上下移动旋转一周，注意不要划伤模具。同样将小刀插入模具底部，去掉模具底。脱模后，筛上糖粉。

POINT

最好选用铝质的戚风蛋糕模具，易脱模、造型更佳。制作戚风蛋糕时，切记模具内无需涂抹起酥油或低筋面粉。烤好后的蛋糕须同模具一并倒置冷却。

Banana Chiffon Cake

香蕉戚风蛋糕

一款口感松软湿润，让人着迷的戚风蛋糕，
可以搭配鲜奶油和草莓品尝。

材料（直径 17cm 的戚风模具 1 个份）

鸡蛋……3 个
菜籽油……40mL
天然香草萃取液……1/2 小勺
香蕉泥……60mL
上白糖……90g

A
低筋面粉……75g
泡打粉……1 小勺
盐……1/4 小勺

◎装饰

糖粉……适量

【准备】

· 分离蛋黄和蛋白。
· 香蕉用叉子碾碎，预留出 60mL 的香蕉泥。
· 上白糖分成两份。
· 将 A 过筛到稍大的碗内，加入 45g 上白糖。
· 烤箱预热至 170℃。

做法

1 碗内倒入蛋黄和菜籽油，用打蛋器搅拌，再加入天然香草萃取液，搅拌均匀，最后加入香蕉泥，继续搅拌均匀。
2 另一个碗内倒入蛋清，用电动打蛋器打发。稍微打发后，一点点加入 45g 上白糖，搅拌至八分发。
3 **A** 加入 45g 上白糖，与 **1** 混合，用木铲充分搅拌，避免面粉结块。
4 将 **2** 分三次加入到 **3** 内，为了防止消泡，可以用木铲或硅胶铲从下往上翻拌。
5 面糊倒入模具内，用刮刀搅 2 ~ 3 次，也可以将模具往操作台上轻轻磕打，排出空气。
6 放入预热至 170℃的烤箱内烤 30 ~ 35 分钟。烤制中，若发现表面烤焦，可以盖上一层锡箔纸。用竹扦扎一下，如果没有沾上面糊，即可出炉，连同模具立即倒扣冷却，可以将模具中央插在瓶子上。
7 待彻底冷却后，脱模。将小刀插入中筒周边和模具内侧，上下移动旋转一周，注意不要划伤模具。同样将小刀插入模具底部，去掉模具底。最后，筛上糖粉。

椰枣坚果蛋糕

Date & Nut Cake

用一个锅就能轻松完成的磅蛋糕，
加入椰枣，甜味更醇厚。

材料（20cm × 10cm × 7cm 的磅蛋糕模具 1 个份）

◎磅蛋糕

干椰枣……145g

A
- 水……235mL
- 黄油……100g
- 上白糖……100g
- 黑砂糖……100g

小苏打……1 小勺

鸡蛋……1 个

天然香草萃取液……1 小勺

低筋面粉……190g

碧根果……120g

◎装饰

开心果……适量

【准备】

- 模具内涂上一层薄薄的起酥油，再撒上一层低筋面粉。
- 黄油室温下软化。
- 低筋面粉过筛备用。
- 烤好的碧根果切碎备用，开心果切碎备用。
- 烤箱预热至 180℃。

做法

1 椰枣切成宽 1cm 的小块，放入锅内，倒入 **A**，开火加热，不停搅拌至黄油彻底溶化。

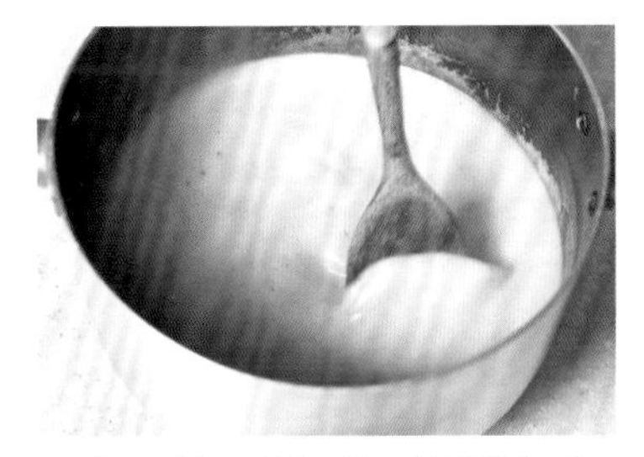

2 往 1 内加入泡打粉，搅拌均匀后，放置冷却。

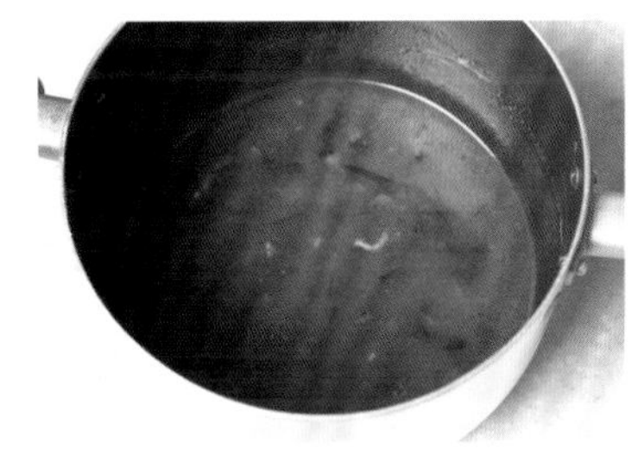

3 冷却后，撇去浮沫。

4 往 3 内混入打好鸡蛋和天然香草萃取液，用打蛋器充分搅拌均匀。

5 往 4 内加入低筋面粉，继续搅拌均匀。

6 往 5 内加入碧根果碎，充分搅拌。

7 将 6 倒入模具内，中间部分撒上切碎的开心果。

8 放入预热至 180℃的烤箱内烤 1 小时左右。用竹扦扎一下，如果没有沾上面糊，即可出炉。连同模具一并放到冷却架上，稍微冷却后脱模，蛋糕继续放在冷却架上冷却。

POINT

椰枣是枣椰树的果实，肉质黏稠、甜味浓郁，因营养价值高，具有美容功效而备受关注。

Lemon Orange Cake

柠檬橙子蛋糕

雪白的糖霜、金黄的橙皮，一款色彩绚丽的蛋糕。

材料（20cm × 10cm × 7cm 的磅蛋糕模具 1 个份）

◎磅蛋糕

上白糖……320g

鸡蛋……3 个

柠檬皮丝……2 个份

A
- 低筋面粉……350g
- 泡打粉……1½ 小勺

B
- 牛奶……250mL
- 天然香草萃取液……1 小勺

黄油……200g

橙子皮丝……2 大勺

◎糖霜

糖粉……50g

柠檬汁……1 大勺

◎装饰

橙子皮碎……适量

【准备】

- 黄油融化备用。
- 模具内涂上一层薄薄的起酥油，再撒上一层低筋面粉。
- A 一并过筛，B 混合均匀。
- 烤箱预热至 170℃。

做法

1 碗内放入上白糖、鸡蛋、柠檬皮丝，用电动打蛋器搅拌。

2 分三次往 1 内交替加入 **A** 和 **B**，每次加入后都需立刻搅拌均匀。

3 往 2 内加入融化的黄油，用电动打蛋器低速搅拌均匀。再加入橙子皮丝，用硅胶铲充分搅拌。

4 倒入模具内，放入预热至 170℃的烤箱内烤 1 小时左右。用竹扦扎一下，如果没有沾上面糊，即可出炉。连同模具一并放到冷却架上，稍微冷却后脱模，继续放在冷却架上冷却。

5 制作糖霜。碗内放入糖粉，一点点加入柠檬汁，用打蛋器搅拌，调整柠檬汁的用量，搅拌至光滑黏稠。

6 用勺子将 5 舀到蛋糕上，趁未凝固时，撒上橙子皮碎。

Fig & Walnut Spice Cake

无花果核桃香辛蛋糕

无花果、核桃带给你不一样的口感。

材料（20cm × 10cm × 7cm 的磅蛋糕模具 1 个份）

◎**磅蛋糕**

黄油……115g

上白糖……200g

鸡蛋……2 个

天然香草萃取液……1 小勺

A
- 低筋面粉……210g
- 泡打粉……3/4 小勺
- 小苏打……3/4 小勺
- 肉桂粉……1½ 小勺
- 丁香粉……1/2 小勺

酪乳（参照 P15）……150mL

核桃……60g

无花果干……60g

◎**糖霜**

糖粉……50g

牛奶……1 大勺

◎**装饰**

核桃……适量

无花果干……适量

【准备】

- 黄油放置室温下软化。
- 模具内涂上一层薄薄的起酥油，再撒上一层低筋面粉。
- A 一并过筛备用。
- 烤好的核桃切碎备用，无花果干切碎备用。
- 烤箱预热至 180℃。

做法

1. 稍大的碗内放入黄油和上白糖，用电动打蛋器搅拌至蓬松。
2. 往 1 内分次打入 2 个鸡蛋，充分搅拌均匀，加入天然香草萃取液，继续搅拌均匀。
3. 分三次往 2 内交替加入 A 和酪乳，每次加入后都需用硅胶铲搅拌均匀，再加入核桃和无花果干，整体充分搅拌。
4. 倒入模具内，放入预热至 180℃的烤箱内烤 50 ~ 60 分钟。用竹扦扎一下，如果没有沾上面糊，即可出炉。连同模具一并放到冷却架上，稍微冷却后脱模，蛋糕继续放在冷却架上冷却。
5. 制作糖霜。碗内放入糖粉，一点点加入牛奶，用打蛋器搅拌，调整牛奶的用量，搅拌至光滑黏稠。
6. 用勺子将 5 舀到蛋糕上，趁未凝固时，撒上切碎的核桃和无花果干。

Banana Cranberry Cake

香蕉蔓越莓蛋糕

香蕉的甜味和蔓越莓的酸味相得益彰。

材料（11cm×6cm×5cm 的磅蛋糕模具 3 个份）

◎**磅蛋糕**

人造黄油……100g

上白糖……170g

鸡蛋……3 个

香蕉……370g

天然香草萃取液……1 小勺

牛奶……120mL

A
- 低筋面粉……260g
- 泡打粉……1 小勺
- 小苏打……1 小勺

蔓越莓干……90g

【准备】

· 模具内涂上一层薄薄的起酥油，再撒上一层低筋面粉。

· 人造黄油放置室温下软化。

· 香蕉用叉子碾成光滑的泥状。

· A 一并过筛备用。

· 烤箱预热至 180℃。

做法

1 碗内放入人造黄油，用电动打蛋器搅打至光滑。加入上白糖，搅打均匀后，再分次加入 3 个鸡蛋，充分搅拌。

2 往 1 内混入香蕉泥、天然香草萃取液、牛奶，先搅拌均匀后再加入下一份材料。

3 往 2 内加入 **A**，为了避免面粉结块，需充分搅拌，再加入蔓越莓干，充分搅拌。

4 倒入模具内，放入预热至 180℃的烤箱内烤 40 ~ 45 分钟。待表面呈金黄色时，用竹扦扎一下，如果没有沾上面糊，即可出炉。连同模具一并放到冷却架上冷却 8 分钟后脱模，蛋糕继续放在冷却架上冷却。

Vegan Pumpkin Cake
碧根果南瓜蛋糕

一款不用乳制品和鸡蛋的蛋糕，各种香料的风味妙不可言。

材料（20cm×10cm×7cm 的磅蛋糕模具 2 个份）

◎蛋糕

A
- 低筋面粉……510g
- 泡打粉……1 小勺
- 小苏打……1 小勺
- 盐……1 小勺
- 肉豆蔻粉……1 小勺
- 肉桂粉……1 小勺
- 多香果粉……1 小勺
- 丁香粉……1/2 小勺
- 上白糖……360g

南瓜泥……425g

B
- 菜籽油……240mL
- 水……75mL
- 枫糖浆……75mL

碧根果……60g

葡萄干……60g

◎装饰

碧根果……适量

【准备】

- 模具内涂上一层薄薄的起酥油，再撒上一层低筋面粉。
- 烤好的碧根果切碎备用。
- 烤箱预热至 180℃。

做法

1. 碗内筛入 **A**，混合均匀。
2. 稍大的碗内放入南瓜泥，倒入 **B**，搅拌均匀，然后再加入 **1**，为了避免结块，需要用硅胶铲充分搅拌。
3. 往 **2** 内加入碧根果和葡萄干，充分搅拌均匀。
4. 倒入模具内，撒上碧根果碎，放入预热至 180℃ 的烤箱内烤 1 小时左右。用竹扦扎一下，如果没有沾上面糊，即可出炉。连同模具一并放到冷却架上，稍微冷却后脱模，蛋糕继续放在冷却架上冷却。

POINT

本书中使用的是罐装南瓜泥，可在进口食品店或烘焙材料店购买。

Cinnamon Swirl Cake

肉桂核桃蛋糕

辛味的蛋糕，切开后呈现出大理石花纹，格外有魅力。

材料（20cm × 10cm × 7cm 的磅蛋糕模具 1 个份）

◎磅蛋糕

黄油……115g

上白糖……200g

鸡蛋……2 个

天然香草萃取液……1 小勺

A
- 低筋面粉……210g
- 泡打粉……3/4 小勺
- 小苏打……3/4 小勺

酪乳（参照 P15）

……150mL

B
- 核桃……60g
- 上白糖……60g
- 肉桂粉……1½ 小勺

◎糖霜

糖粉……50g

牛奶……1 大勺

【准备】

- 黄油放至室温下软化。
- 模具内涂上一层薄薄的起酥油，再撒上一层低筋面粉。
- A 一并过筛备用。
- 核桃烤好后冷却，切碎备用。
- 烤箱预热至 180℃。

做法

1. 稍大的碗内放入黄油和上白糖，用电动打蛋器搅拌至蓬松。
2. 往 1 内分次打入 2 个鸡蛋，充分搅拌均匀。加入天然香草萃取液，继续搅拌均匀。
3. 分三次往 2 内交替加入 **A** 和酪乳，每次加入后，都需要用硅胶铲充分搅拌均匀。
4. 将 **B** 放入另一个碗内，充分搅拌均匀。
5. 往模具内倒入 3，再淋上 4，用刮刀搅拌出大理石花纹。
6. 放入预热至 180℃的烤箱内烤 50 ~ 60 分钟。用竹扦扎一下，如果没有沾上面糊，即可出炉。连同模具一并放到冷却架上，稍微冷却后脱模，蛋糕继续放在冷却架上冷却。
7. 制作糖霜。碗内放入糖粉，一点点加入牛奶，用打蛋器搅拌。调整牛奶的用量，搅拌至光滑黏稠，用勺子舀到蛋糕上。

Zucchini Cake

西葫芦蛋糕

面糊内加入西葫芦成就了美式蛋糕的经典味道。

材料（20cm × 10cm × 7cm 的磅蛋糕模具 2 个份）

◎**磅蛋糕**

鸡蛋……3 个

上白糖……450g

菜籽油……250mL

天然香草萃取液……1 大勺

A
- 低筋面粉……375g
- 泡打粉……1 小勺
- 小苏打……1 小勺
- 盐……1 小勺
- 肉桂粉……3 小勺

西葫芦丝……315g

核桃……100g

◎**装饰**

核桃……适量

【准备】

· 模具内涂上一层薄薄的起酥油，再撒上一层低筋面粉。

· A 一并过筛备用。

· 核桃切碎备用。

· 烤箱预热至 170℃。

做法

1. 稍大的碗内打入鸡蛋，搅打成蛋液后，加入上白糖、菜籽油、天然香草萃取液、**A**，用电动打蛋器搅拌。
2. 往 1 内加入西葫芦丝和核桃，用硅胶铲搅拌均匀。
3. 2 倒入模具内，撒上装饰的核桃。放入预热至 170℃的烤箱内烤 1 小时左右。用竹扦扎一下，如果没有沾上面糊，即可出炉。连同模具一并放到冷却架上，稍微冷却后脱模，蛋糕继续放在冷却架上冷却。

肯塔基黄油蛋糕

Kentucky Butter Cake

用咕咕霍夫（Bundtpan）模具制作而成的圆环蛋糕，
在美国非常受欢迎。
1946 年咕咕霍夫蛋糕开始在美国发售，
到 1950 ~ 1960 年便迅速进入全美千家万户，
烤好的蛋糕淋上糖浆，口感湿润绵软。

材料（直径 23cm 的咕咕霍夫模具 1 个份）

◎蛋糕

黄油……225g

上白糖……340g

鸡蛋……4 个

酪乳……240mL

天然香草萃取液……2 小勺

A
- 低筋面粉……390g
- 盐……1 小勺
- 小苏打……1/2 小勺
- 泡打粉……1 小勺

◎糖浆

上白糖……130g

黄油……75g

水……3 大勺

天然香草萃取液……2 小勺

◎装饰

糖粉……适量

【准备】

- A 一并过筛。
- 烤箱预热至 170℃。

做法

1 模具内仔细涂上一层薄薄的起酥油，再撒上一层低筋面粉。

2 碗内放入黄油和上白糖，用电动打蛋器搅拌至蓬松。

3 往 2 内分次打入 4 个鸡蛋，充分搅拌均匀，再加入酪乳和天然香草萃取液，继续搅拌均匀。

4 3 内加入 **A**，用木铲从下往上翻拌。注意不要过度搅拌。

5 将 4 倒入模具内，放入预热至 170℃的烤箱内烤 1 小时左右。若发现表面快烤焦，可以盖上一层锡纸。用竹扦扎一下，如果没有沾上面糊即可出炉，连同模具一并放到冷却架上冷却。

6 将制作糖浆的材料放入小锅内，开小火加热，不停搅拌。待黄油与上白糖彻底溶化后，关火、冷却。

7 待蛋糕稍微冷却，用筷子沿蛋糕内侧画圆，划出一道沟。

8 沿着划好的沟往蛋糕上淋入糖浆。

9 彻底冷却后，用力晃动模具，再倒扣到冷却架上，即可脱模，筛上糖粉。

Pecan Nut Sour Cream Cake

碧根果酸奶油蛋糕

加入酸奶油后，蛋糕入口即化。

材料（直径 23cm 的咕咕霍夫模具 1 个份）

◎蛋糕

黄油……225g

上白糖……425g

鸡蛋……6 个

天然香草萃取液……1 小勺

酸奶油……240mL

A
- 低筋面粉……390g
- 盐……1/2 小勺
- 小苏打……1/4 小勺

碧根果……100g

◎糖霜

糖粉……100g

牛奶……3 大勺

◎装饰

碧根果……适量

【准备】

- 模具内涂上一层薄薄的起酥油，再撒上一层低筋面粉。
- A 一并过筛备用。
- 烤好的碧根果冷却切碎。
- 烤箱预热至 170℃。

做法

1. 碗内放入黄油和上白糖，用电动打蛋器搅拌至蓬松。
2. 往 1 内分次打入 6 个鸡蛋，充分搅拌均匀。再加入天然香草萃取液和酸奶油，继续搅拌均匀。
3. 往 2 内一点点加入 **A**，用木铲搅拌至看不见干粉，再加入碧根果，充分搅拌均匀。
4. 将面糊倒入模具内，放入预热至 170℃的烤箱内烤 75 ~ 90 分钟。若发现表面快烤焦，可以盖上一层锡纸。用竹扦扎一下，如果没有沾上面糊即可出炉，连同模具一并放到冷却架上冷却 20 分钟，将模具往操作台上轻轻磕打，即可轻松脱模，蛋糕继续放回冷却架上冷却。
5. 制作糖霜。碗内放入糖粉，一点点加入牛奶，用打蛋器搅拌。调整牛奶的用量，搅拌至黏稠光滑。
6. 用勺子将 5 舀到蛋糕上，趁未凝固时，撒上切碎的碧根果。

Chocolate Mocha Sour Cream Cake

巧克力摩卡酸奶油蛋糕

散发着咖啡诱人的香气，甘甜中又透着微苦的糖霜让人欲罢不能。

材料（直径 23cm 的咕咕霍夫模具 1 个份）

◎蛋糕

A
- 滴滤咖啡……300mL
- 可可粉……105g

B
- 低筋面粉……325g
- 盐……1¼ 小勺
- 小苏打……2½ 小勺

上白糖……340g

鸡蛋……3 个

酸奶油……300mL

菜籽油……270mL

◎糖霜

黄油……170g

半甜巧克力……170g

滴滤咖啡……60mL

酸奶油……80mL

【准备】

- 模具内涂上一层薄薄的起酥油，再撒上一层低筋面粉。
- 热滴滤咖啡。
- 烤箱预热至 180℃。

做法

1 小碗内倒入 **A**，用打蛋器充分搅拌。

2 大碗内筛入 **B**，搅拌均匀。

3 另取一个碗，放入上白糖和鸡蛋，用电动打蛋器充分搅拌，加入酸奶油和菜籽油后，继续充分搅拌。

4 混合 3 和 2，用木铲搅拌至看不见干粉。再加入 1，充分搅拌均匀。

5 面糊倒入模具内，放入预热至 180℃的烤箱内烤 45 ~ 60 分钟。若发现表面快烤焦，可以盖上一层锡纸。用竹扦扎一下，如果没有沾上面糊即可出炉，连同模具一并放到冷却架上冷却 20 分钟，将模具往操作台上轻轻磕打，即可轻松脱模，蛋糕继续放回冷却架上冷却。

6 制作糖霜。碗内放入黄油和巧克力，碗底隔水加热。待完全熔化后，移开热水，冷却。稍微冷却后，加入半份咖啡，搅拌均匀，再加入酸奶油继续搅拌，最后加入剩下的半份咖啡，继续充分搅拌。

7 待蛋糕彻底冷却后，用刮刀涂抹上糖霜。

Applesauce Cake
苹果酱蛋糕

在美国苹果酱用途广泛，
可以当配菜、甜点原料，甚至可以做成婴儿辅食。
下面介绍如何用自制苹果酱烘焙甜点，
做成一款饱含苹果香味的蛋糕。

材料（直径 23cm 的咕咕霍夫模具 1 个份）

◎蛋糕

A
- 低筋面粉……390g
- 盐……1/2 小勺
- 泡打粉……3 小勺
- 小苏打……1 小勺
- 肉桂粉……2 小勺
- 肉豆蔻粉……1/2 小勺

B
- 菜籽油……240mL
- 上白糖……340g
- 鸡蛋……4 个

苹果酱……550g
天然香草萃取液……1 小勺

◎装饰

糖粉……适量

【准备】

· 模具内涂上一层薄薄的起酥油，再撒上一层低筋面粉。
· 提前做好苹果酱备用（参照 POINT）。
· 烤箱预热至 180℃。

做法

1 稍大的碗内筛入 **A**，搅拌均匀。
2 另取一个碗倒入 **B**，用电动打蛋器充分搅拌。然后加入苹果酱和天然香草萃取液，继续搅拌均匀。
3 往 1 内一点点倒入 2，用木铲稍微搅拌几下，注意不要过度搅拌。
4 面糊倒入模具内，放入预热至 180℃的烤箱内烤 50 ~ 60 分钟。若发现表面快烤焦，可以盖上一层锡纸。用竹扦扎一下，如果没有沾上面糊即可出炉。
5 连同模具一并放到冷却架上冷却 20 分钟，将模具往操作台上轻轻磕打，即可轻松脱模，蛋糕继续放回冷却架上冷却，筛上糖粉。

POINT

制作苹果酱非常简单。4 个苹果去皮和核，切成 2cm 见方的丁，放入锅内，加入 150mL 的水，用中小火煮，不停地搅拌，煮 30 分钟左右后用捣碎器捣碎，冷却备用。

Blueberry Lemon Cake

蓝莓柠檬蛋糕

柠檬的清香搭配蓝莓的香甜是这款蛋糕最大的亮点。

材料（直径 23cm 的咕咕霍夫模具 1 个份）

◎**蛋糕**

A
- 柠檬汁……80mL
- 白兰地……2 大勺
- 蓝莓干……150g

B
- 低筋面粉……390g
- 盐……1/2 小勺
- 小苏打……1/2 小勺

黄油……225g

上白糖……425g

鸡蛋……5 个

天然香草萃取液……1½ 小勺

酸奶油……240mL

柠檬皮丝……2 大勺

◎**糖霜**

糖粉……115g

柠檬汁……2 大勺

【准备】

- 模具内涂上一层薄薄的起酥油，再撒上一层低筋面粉。
- 柠檬皮擦成丝，果肉榨汁。
- 烤箱预热至 180℃。

做法

1. 锅内倒入 **A**，开火加热至沸腾，关火，盖上锅盖冷却，冷却后将蓝莓与汁水分开。
2. 将 **B** 筛入稍大的碗内，搅拌均匀。
3. 碗内放入黄油和上白糖，用电动打蛋器搅拌至发白、蓬松。
4. 3 内分次加入 5 个鸡蛋，充分搅拌均匀。再加入天然香草萃取液、酸奶油、柠檬皮，继续充分搅拌均匀。
5. 往 4 内一点点加入 2，用木铲搅拌至看不见干粉。再加入 1 中的蓝莓，搅拌均匀。
6. 面糊倒入模具内，放入预热至 180℃的烤箱内烤 60 ~ 75 分钟。若发现表面快烤焦，可以盖上一层锡纸。
7. 用竹扦扎一下，如果没有沾上面糊，即可出炉。连同模具一并放到冷却架上，用刷子将 1 处理好的汁水（1/3 量）涂抹到蛋糕表面。
8. 冷却 20 分钟，将模具往操作台上轻轻磕打，即可轻松脱模，蛋糕继续放回冷却架上冷却，再将剩下的汁水全部涂到蛋糕上。
9. 制作糖霜。碗内放入糖粉，一点点加入柠檬汁，用打蛋器搅拌，调整柠檬汁的用量，搅拌至黏稠光滑，用勺子舀到蛋糕上。

Almond Cake

杏仁蛋糕

面糊内加入杏仁，味道更香醇。

材料（直径 23cm 的咕咕霍夫模具 1 个份）

◎蛋糕

黄油……225g

上白糖……340g

鸡蛋……4 个

杏仁香精……1½ 小勺

天然香草萃取液……1½ 小勺

牛奶……240mL

A
- 低筋面粉……325g
- 盐……1/2 小勺
- 泡打粉……2 小勺

杏仁粉……60g

◎糖霜

糖粉……100g

牛奶……2 ~ 3 大勺

杏仁香精……1/2 小勺

◎装饰

杏仁……适量

【准备】

- 模具内涂上一层薄薄的起酥油，再撒上一层低筋面粉。
- A 全部过筛，再与杏仁粉混合。
- 烤好的杏仁切碎备用。
- 烤箱预热至 180℃。

做法

1. 碗内放入黄油和上白糖，用电动打蛋器搅拌至发白、蓬松。
2. 往 1 内分次加入 4 个鸡蛋，充分搅拌均匀。再加入杏仁香精、天然香草萃取液和牛奶，继续充分搅拌均匀。
3. 往 2 内一点点加入 **A**，用木铲搅拌至看不见干粉。
4. 面糊倒入模具内，放入预热至 180℃的烤箱内烤 60 ~ 70 分钟。若发现表面快烤焦，可以盖上一层锡纸。用竹扦扎一下，如果没有沾上面糊即可出炉。连同模具一并放到冷却架上冷却 20 分钟，将模具往操作台上轻轻磕打，即可轻松脱模，蛋糕继续放回冷却架上冷却，再将剩下的汁水全部涂到蛋糕上。
5. 制作糖霜。碗内放入糖粉，一点点加入牛奶和杏仁香精，用打蛋器搅拌，调整牛奶的用量，搅拌至黏稠光滑。
6. 用勺子将 5 舀到蛋糕上，趁未凝固时，撒上切碎的杏仁。

Apple Cake

苹果蛋糕

加入新鲜苹果，蛋糕味道更有层次感。

材料（20cm×10cm×7cm 的磅蛋糕模具 1 个份）

A
- 上白糖……85g
- 黑砂糖……85g
- 菜籽油……60mL

鸡蛋……1 个

苹果……260g（1 个）

B
- 低筋面粉……130g
- 小苏打……1 小勺
- 泡打粉……1 小勺
- 盐……1/2 小勺

核桃……50g

葡萄干……70g

◎装饰

糖粉……适量

【准备】

· 模具内仔细涂抹上一层薄薄的起酥油，再撒上一层低筋面粉。

· 苹果去皮和核切丁。

· B 过筛备用。

· 烤好核桃切碎备用。

· 烤箱预热至 170℃。

做法

1 **A** 放入碗内，用电动打蛋器搅拌，再打入鸡蛋，充分搅拌均匀。

2 往 1 内加入苹果，用木铲充分搅拌，加入 **B**，继续搅拌均匀，再加入核桃和葡萄干，继续搅拌。

3 将 2 的面糊倒入模具内，放入预热至 170℃的烤箱内烤 60 ~ 70 分钟。若发现表面快烤焦，可以盖上一层锡纸。用竹扦扎一下，如果没有沾上面糊，即可出炉。连同模具一并放在冷却架上 10 分钟。

4 从模具侧面插入小刀，沿着模具内侧转一圈，注意不要划伤模具，晃动模具，底部脱模也可以使用刮刀，脱模后，筛上糖粉。

Carrot Cake

胡萝卜蛋糕

胡萝卜丝与植物油打造出湿润软糯的口感。

材料（边长 20cm 的正方形模具 1 个份）

◎**蛋糕**

黑砂糖……170g

菜籽油……180mL

鸡蛋……3 个

胡萝丝……225g

A
- 低筋面粉……145g
- 小苏打……1¼ 小勺
- 泡打粉……1¼ 小勺
- 肉桂粉……1 小勺
- 肉豆蔻粉……1/4 小勺
- 盐……1/4 小勺

B
- 核桃……50g
- 葡萄干……70g

◎**糖霜**

奶油奶酪……100g

黄油……45g

糖粉……150g

【准备】

- 模具内铺上烘焙用纸。
- 胡萝卜擦丝备用（参照 POINT）。
- A 一并过筛备用。
- 核桃切碎备用。
- 用于制作糖霜的奶油奶酪、黄油放置室温下软化。
- 烤箱预热至 180℃。

做法

1. 碗内放入黑砂糖和菜籽油，用电动打蛋器搅拌。
2. 往 1 内加入鸡蛋，充分搅拌均匀，再加入胡萝卜，用木铲搅拌均匀。
3. 往 2 内加入 **A**，混合均匀后，加入 **B**，轻轻搅拌。
4. 面糊倒入模具内，放入预热至 180℃的烤箱内烤 50 ~ 60 分钟。用竹扦扎一下，如果没有沾上面糊，即可出炉。连同模具放在冷却架上冷却 10 分钟，脱模后，继续放回冷却架上冷却。
5. 制作糖霜。碗内放入奶油奶酪和黄油，用电动打蛋器搅拌至光滑，再加入糖粉，继续搅拌。
6. 将蛋糕切成方便食用的 5cm 见方的块，挤上糖霜。还可以装饰上烤熟的碧根果，参照 P82 姜饼蛋糕，食用前将糖霜涂抹到蛋糕上。

POINT

胡萝卜用奶酪礤等工具擦丝，为了避免水分流失，切忌擦得过细。

Fruit & Nut Cake

水果坚果蛋糕

加入满满的水果干和坚果的蛋糕，
更适合成年人，还可以配上一杯红酒。

材料（25cm × 8cm × 6cm 的磅蛋糕模具 1 个份）

水果干（无花果、杏子、葡萄等）……350g
浓红茶……300mL
坚果（开心果、杏仁等）……200g

A
- 柠檬皮丝……1 个份
- 开心果碎……2 大勺

上白糖……100g
黑砂糖……100g
柠檬汁……1 个份
橙汁（自制或市售）……4 大勺
鸡蛋……2 个

B
- 低筋面粉……200g
- 泡打粉……1 大勺

【准备】

- 模具内铺上烘焙用纸。
- 上白糖与黑砂糖合计 200g，根据个人喜好调整比例。
- 水果干浸泡在红茶中一天（参照 POINT）。
- 烤好的坚果，切碎备用。
- B 过筛备用。
- 烤箱预热至 170℃。

POINT

水果干切好后放入碗中，倒入浓红茶，浸泡一晚上，夏天需裹上保鲜膜放入冰箱内冷藏。

做法

1. 用滤网捞出浸泡在红茶内的水果干，红茶放置一旁备用。
2. 碗内放入 1 的水果干、坚果、**A**、糖类，充分搅拌均匀。
3. 将柠檬汁与橙汁倒入计量杯内，加入适量 1 的红茶，共计 250mL 即可。
4. 往 2 内倒入 3 和鸡蛋，充分搅拌均匀。
5. 往 4 内加入 **B**，充分搅拌均匀。
6. 面糊倒入模具内，放入预热至 180℃的烤箱内烤 1 小时左右。用竹扦扎一下，如果没有沾上面糊，即可出炉。连同模具放在冷却架上，待不烫手后脱模，然后继续放在冷却架上冷却。

巧克力豆饼干

Chocolate Chip cookies

最具代表性的一款美式甜点。
最早源于 1930 年代马萨诸塞州的一名女性，
用切碎的巧克力做成的一款饼干。
后来改用巧克力豆，立即风靡全国。
这款饼干口感湿润松软。

材料（18 块）

黄油……112g
上白糖……85g
黑砂糖……85g
鸡蛋……1 个
天然香草萃取液……3/4 小勺

A
- 低筋面粉……200g
- 盐……1/2 小勺
- 小苏打……1/2 小勺

巧克力豆……90g
夏威夷果……70g

【准备】

- 黄油放置室温下软化。
- A 倒入碗中，用打蛋器搅拌均匀。
- 烤盘内铺上烘焙用纸。

【升级版】

也可以用同量的樱桃干代替夏威夷果，味道也很棒。

做法

1 碗内放入黄油、上白糖、黑砂糖，用电动打蛋器充分搅拌均匀。

2 加入鸡蛋和天然香草萃取液，继续搅拌均匀。

3 往 2 内分 2 ~ 3 次加入 **A**，用电动打蛋器充分搅拌。

4 加入巧克力豆和夏威夷果，用硅胶铲搅拌均匀，如果面团太软，可以裹上保鲜膜，放入冰箱内冷藏 30 分钟左右。

5 面糊等量分成 18 块，用勺子舀起。

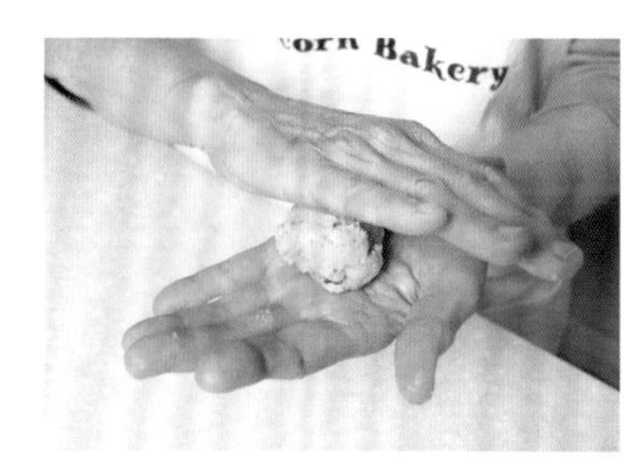

6 用手揉成团。趁面糊还没有变软之前，迅速揉成团。

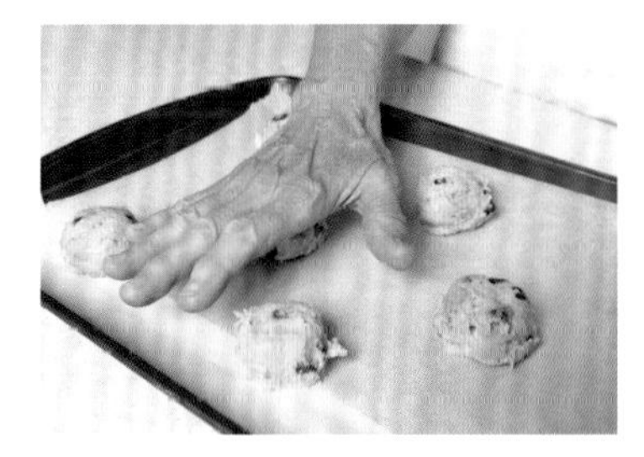

7 将面团放在烤盘上，用手稍微压平。连同烤盘放入冰箱内冷藏 30 分钟左右。

8 放入预热至 180℃的烤箱内烤 12 ~ 14 分钟。烤好后，在烤盘内放置 5 分钟左右，再放到冷却架上。

POINT

本书中用的是粉末状的黑砂糖。甜味温和、香气浓醇。

Coconut cookies

椰子饼干

同样的面坯，配料不同，味道也不同，可根据个人喜好添加配料。

材料（18 块）

低筋面粉……200g
盐……1/2 小勺
小苏打……1/2 小勺
黄油……112g
上白糖……85g
黑砂糖……85g
鸡蛋……1 个
天然香草萃取液……3/4 小勺

◎**配料**

A
椰蓉……50g
碧根果……50g
巧克力豆……90g

B
椰蓉……50g
腰果……70g
芒果干……70g

【准备】

- 黄油放置室温下软化。
- 烤好的碧根果切碎备用。
- 烤好的腰果和芒果干切碎备用。

做法

1. 低筋面粉、盐、小苏打无需过筛，混合均匀。
2. 碗内放入黄油、上白糖、黑砂糖，用电动打蛋器充分搅拌均匀。加入鸡蛋和天然香草萃取液，继续搅拌均匀，分 2 ~ 3 次倒入 1 内，用电动打蛋器充分搅拌。
3. 往 2 内加入配料 **A** 或配料 **B**，用硅胶铲搅拌均匀。如果面团过软，可以裹上保鲜膜，放入冰箱内冷藏 30 分钟左右。
4. 用勺子舀起面糊，揉成团，放在铺好烘焙用纸的烤盘上，用手稍微按压，连同烤盘放入冰箱内冷藏 30 分钟左右。
5. 放入预热至 180℃的烤箱内烤 12 ~ 14 分钟。烤好后，在烤盘内放置 5 分钟左右，再放到冷却架上。

Maple Pecan Nut Bars

糖浆碧根果方块挞

黑砂糖和玉米糖浆带来了甘醇的甜味。最大的特点是黏黏的口感。

材料（边长 20cm 的正方形模具 1 个份）

◎胚底（派皮、面坯部分）

黄油……75g

黑砂糖……35g

A
- 低筋面粉……125g
- 盐……1/5 小勺

◎**夹馅**

鸡蛋……2 个

B
- 玉米糖浆……120mL
- 黑砂糖……100g

黄油……15g

天然香草萃取液……1/2 小勺

碧根果……100g

◎**装饰**

碧根果……80g

【准备】

- 模具内铺上烘焙用纸。
- 胚底用黄油切小丁，放入冰箱内冷藏。
- A 一并过筛备用。
- 夹馅用黄油融化备用。
- 夹馅用碧根果烤好冷却后，切碎备用。
- 烤箱预热至 180℃。

做法

1. 制作胚底。碗内放入所有制作胚底的材料，用两个叉子切拌均匀，搅拌至看不见黄油块，呈颗粒状即可（可以使用食物搅拌机）。
2. 摊到模具内，用力压平，放入预热至 180℃的烤箱内烤 20 分钟左右。
3. 烤胚底时制作夹馅。碗内打入鸡蛋，用打蛋器搅拌蛋液，注意不要打发，加入 **B**，搅拌均匀后依次加入融化的黄油、天然香草萃取液、碧根果，先搅拌均匀再加入下一原料。
4. 刚烤好的胚底上淋上 3，再撒上装饰碧根果，放入预热至 180℃的烤箱内烤 40 ~ 45 分钟，烤好后，连同模具放到冷却架上冷却。

Lemon Bars

柠檬方块挞

满满地散发着柠檬清香味的夹馅！一款极具特色的方块挞。

材料（边长20cm的正方形模具1个份）

◎胚底（派皮、面坯部分）

黄油……112g

上白糖……30g

天然香草萃取液……2/5小勺

A 低筋面粉……125g

A 盐……1/2小勺

◎夹馅

鸡蛋……2个

蛋黄……1个

上白糖……200g

低筋面粉……1大勺

柠檬汁……60mL

柠檬皮丝……2个份

◎装饰

糖粉……适量

【准备】

- 模具内铺上烘焙用纸。
- 黄油切小丁，放入冰箱内冷藏。
- A一并过筛备用。
- 柠檬皮擦丝，果肉榨汁备用。
- 烤箱预热至180℃。

做法

1. 制作胚底。碗内放入所有制作胚底的材料，用两个叉子切拌均匀，搅拌至看不见黄油块，呈颗粒状即可（可以使用食物搅拌机）。
2. 摊到模具内，用力压平，放入预热至180℃的烤箱内烤22分钟左右。
3. 烤胚底时制作夹馅。将所有材料放入碗内，用打蛋器充分搅拌均匀，
4. 刚烤好的胚底上淋上3，放入预热至180℃的烤箱内烤25分钟左右。烤好后，连同模具一并放到冷却架上，稍微冷却后脱模，方块挞继续放回冷却架上冷却，完全冷却后，筛上糖粉。

Beer Bread

啤酒蛋糕

香草与西红柿干的搭配，风味独特。一款适合成年人食用的甜点，还可以配上一杯红酒。

材料（边长 20cm 的正方形模具 1 个份）

A
- 低筋面粉……195g
- 泡打粉……3 小勺
- 盐……1/2 小勺
- 香草混合粉……1/4 小勺

全麦粉（蛋糕用）……195g
黑砂糖……60g
西红柿干……30g
帕尔玛干酪……30g
啤酒……350mL
橄榄油……适量

【准备】

・模具内铺上烘焙用纸。
・西红柿干切碎备用，帕尔玛干酪擦丝备用。
・烤箱预热至 180℃。

做法

1 **A** 筛到碗内，搅拌均匀。加入全麦粉和黑砂糖，搅拌均匀。
2 往 1 内加入西红柿干和帕尔玛干酪，充分搅拌均匀。
3 往 2 内加入啤酒，充分搅拌均匀，然后倒入模具内，放入预热至 180℃的烤箱内烤 45 分钟左右。用竹扦扎一下，如果没有沾上面糊，即可出炉。
4 趁热在表面涂上一层橄榄油，脱模，放到冷却架上冷却。

POINT

西红柿干是由切片西红柿在阳光下暴晒干燥而成。西红柿的鲜味浓缩其中，非常适合用来制作面包或烹调菜肴。

Gingerbread

姜饼蛋糕

加入姜和各种香料，味道独特。
一款在英国冬季非常受欢迎的传统点心，
也是美国圣诞节的必备甜点之一。

材料（边长 20cm 的正方形模具 1 个份）

◎姜饼蛋糕

A
- 低筋面粉……290g
- 姜粉……2 小勺
- 肉桂粉……2 小勺
- 丁香粉……1/4 小勺
- 小苏打……1/4 小勺
- 盐……1/2 小勺

鸡蛋……2 个

B
- 菜籽油……200mL
- 上白糖……130g
- 糖蜜……180mL
- 蜂蜜……50mL

橙子皮丝……2 大勺
开水……180mL

◎糖霜

奶油奶酪……100g
黄油……45g
天然香草萃取液……1/4 小勺
糖粉……150g

◎装饰

橙子皮碎……适量

【准备】

- 模具内铺上烘焙用纸。
- 奶油奶酪和黄油放置室温下软化。
- 烤箱预热至 180℃。

做法

1. **A** 筛到碗内，搅拌均匀。
2. 稍大的碗内打入鸡蛋，用打蛋器搅拌成蛋液，倒入 **B**，用硅胶铲搅拌均匀，再加入橙子皮丝，整体搅拌均匀。最后加入 1，继续用硅胶铲搅拌均匀。
3. 2 内倒入开水，充分搅拌均匀后，倒入模具内。放入预热至 180℃的烤箱内烤 35 ~ 45 分钟，注意烤箱温度，若发现表面快烤焦时，可盖上一层锡纸，用竹扦扎一下，如果没有沾上面糊，即可出炉。稍微冷却后，脱模，放在冷却架上冷却。
4. 制作糖霜。碗内放入奶油奶酪和黄油，用电动打蛋器搅拌至光滑，加入天然香草萃取液和糖粉，充分搅拌均匀。
5. 姜饼蛋糕彻底冷却后，涂上糖霜，再撒上橙子皮碎。

POINT

糖蜜类似黑蜜，甜味自然。在国外经常用于甜点制作，可在进口食品店或烘烤用品店购买。

Cornbread

玉米粉糕

黄油味道浓郁、甜味柔和，玉米粉口感清爽。

材料（边长 20cm 的正方形模具 1 个份）

A
- 低筋面粉……190g
- 泡打粉……1 大勺

B
- 玉米粉……80g
- 上白糖……135g
- 盐……1/2 小勺

鸡蛋……2 个

C
- 菜籽油……180mL
- 蜂蜜……1 大勺
- 黄油……40g
- 牛奶……290mL

【准备】

- 模具内铺上烘焙用纸。
- 黄油熔化后放置室温下冷却备用。
- 烤箱预热至 180℃。

做法

1. **A** 筛到碗内，混入 **B**，用硅胶铲搅拌均匀。
2. 另取一个碗，打入鸡蛋，用打蛋器搅拌蛋液。倒入 **C**，继续搅拌均匀，倒入 1 内，用硅胶铲稍微搅拌几下。
3. 倒入模具内，放入预热至 180℃的烤箱内烤 45 分钟左右，烤到表面呈现金黄色时即可出炉，连同模具放到冷却架上，稍微冷却后脱模，蛋糕放到冷却架上充分冷却。

玫瑰杯子蛋糕

Rose Cupcakes

绵软的巧克力杯子蛋糕，
搭配上用黄油奶油裱出的玫瑰花，
还可以改良成香草杯子蛋糕，
再搭配上巧克力奶油或奶油奶酪。

材料（直径 5cm、高 3cm 的玛芬模具 30 个份）

◎杯子蛋糕

A
- 低筋面粉……220g
- 可可粉……65g
- 泡打粉……1½ 小勺
- 小苏打……1½ 小勺

上白糖……400g

盐……1 小勺

鸡蛋……2 个

B
- 牛奶……280mL
- 菜籽油……120mL
- 天然香草萃取液……2 小勺

开水……235mL

◎黄油奶油霜

黄油……300g

糖粉……840g

天然香草萃取液……1½ 小勺

牛奶……3 大勺

食用色素（粉红）……适量

【准备】

- 模具内放入玛芬纸杯。
- 黄油放置室温下软化。
- 烤箱预热至 180℃。

做法

◎制作杯子蛋糕

1 **A** 筛到碗内。

2 往 1 内撒上上白糖和盐，用打蛋器搅拌均匀。

3 2 内打入鸡蛋，加入 **B**，用电动打蛋器充分搅拌均匀。

POINT

搅拌至面糊光滑，呈现出光泽。

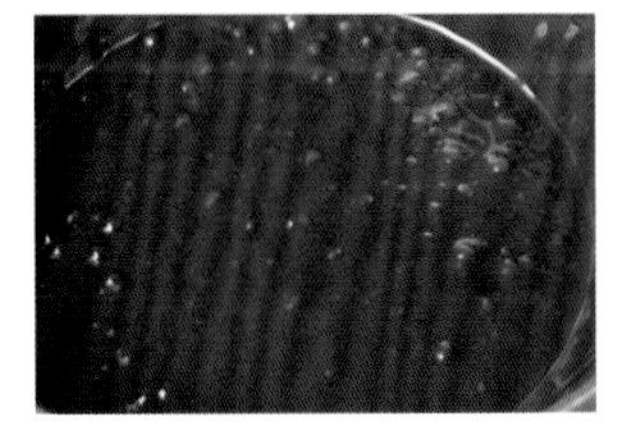

4 往 3 内倒入刚烧开的热水，用硅胶铲搅拌均匀。

5 用勺子将 4 面糊舀入玛芬模具内，七分满。放入预热至 180℃的烤箱内烤制 22 分钟左右，用竹扦扎一下，如果没有沾上面糊，即可出炉。连同模具放在冷却架上，稍微冷却后脱模，蛋糕继续放在冷却架上冷却。

◎制作奶油霜

1 碗内放入黄油，用电动打蛋器搅拌成奶油状。

2 1 内筛入 210g 的糖粉，继续用电动打蛋器搅拌均匀，重复两次。

3 加入天然香草萃取液和牛奶，用电动打蛋器搅拌均匀，最后再加入剩下的糖粉，搅拌均匀。

POINT

搅拌成光滑，有尖角即可。如果过于浓稠，可以倒入少量牛奶（分量外）进行调整。

◎裱花

1 用硅胶铲舀出两铲奶油霜，放到小碗内，用牙签蘸取少量食用色素，加入到奶油霜内。

2 用刮刀等工具充分搅拌至颜色均匀。

3 裱花袋装好裱花嘴，先往裱花袋内装入两铲白色的奶油霜，也可以把裱花袋放在杯子内，更便于操作。

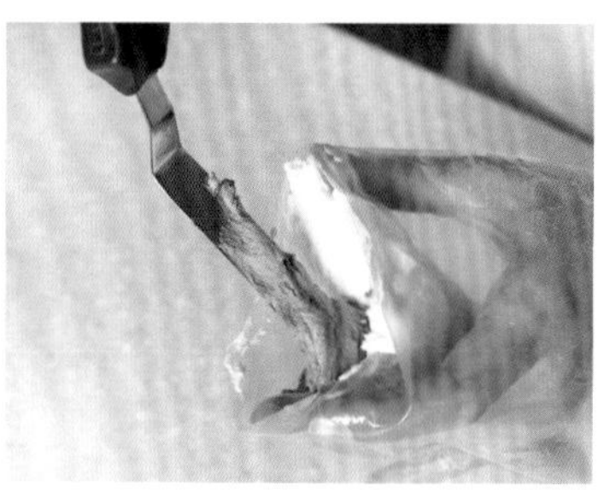

4 再用刮刀将 2 的奶油霜装入 3 白色奶油霜的中央。

POINT

本次使用的裱花嘴是“美国惠尔通 #2D 花朵裱花嘴”。

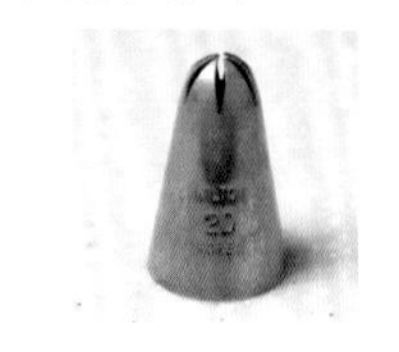

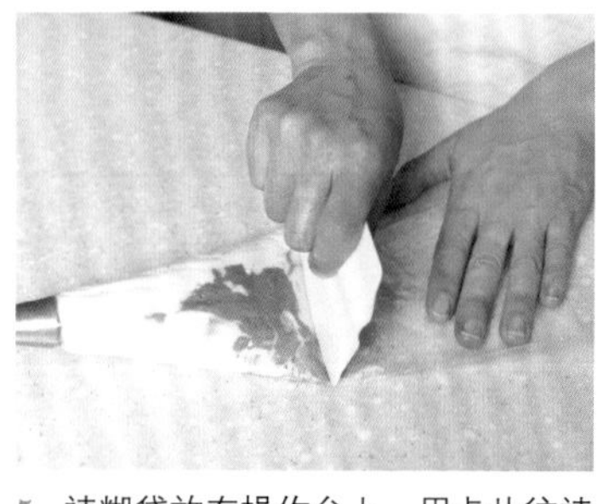

5 裱糊袋放在操作台上，用卡片往裱花嘴方向刮，排出空气。

6 裱花嘴垂直放在杯子蛋糕的中央，挤出 1cm 高的奶油霜。

7 在 6 的基础上挤出一圈奶油霜。

8 再在 7 的周围挤上一圈。

9 最终裱花完成的效果。

杯子蛋糕升级版

可以调整面糊和糖霜的配方，搭配出更多新花样。

【黄油奶油霜升级版】

下面介绍一下如何将黄油奶油霜做出新花样。
多余的奶油霜放入密封容器内可冷藏保存 7 ~ 10 天。
放置室温下，用电动打蛋器搅打光滑后再使用。

巧克力奶油霜

材料

黄油……90g
糖粉……350g
可可粉……30g
天然香草萃取液……1/2 小勺
牛奶……5 大勺

做法

1 碗内放入软化的黄油，用电动打蛋器搅拌成奶油状。
2 混合糖粉与可可粉，一点点筛入 1 内，搅拌均匀（参照 P86）。
3 混合 3/4 量的糖粉与可可粉后，加入天然香草萃取液和牛奶，用电动打蛋器搅拌均匀，筛入剩余的糖粉与可可粉，搅拌均匀。

奶油奶酪糖霜

材料

黄油……45g
奶油奶酪……100g
糖粉……150g
天然香草萃取液……1/4 小勺

做法

1 碗内放入软化的黄油和奶油奶酪，用电动打蛋器搅拌成奶油状。
2 糖粉一点点筛入 1 内，搅拌均匀（参照 P86）。
3 混合 3/4 量的糖粉后，加入天然香草萃取液，用电动打蛋器搅拌均匀，筛入剩余的糖粉，搅拌均匀。

【蛋糕升级版】

下面介绍一下香草杯子蛋糕的做法。
建议将面糊倒入圆形模具内烤制，裱花时可放在裱花台上操作。

香草杯子蛋糕

材料

A
- 低筋面粉……290g
- 泡打粉……1 大勺

上白糖……300g
盐……3/4 小勺
鸡蛋……2 个

B
- 牛奶……240mL
- 菜籽油……120mL
- 天然香草萃取液……1 小勺

做法

1 **A** 筛到碗内，加入上白糖和盐，用打蛋器搅拌均匀。
2 1 内加入鸡蛋和 **B**，用电动打蛋器充分搅拌至光滑。
3 用勺子将 2 面糊舀入玛芬模具内，七分满。放入预热至 180℃ 的烤箱内烤制 22 分钟左右，用竹扦扎一下，如果没有沾上面糊，即可出炉。连同模具放在冷却架上，稍微冷却后脱模，蛋糕继续放在冷却架上冷却。

葵花籽酸奶面包

Sunflower Yogurt Bread

用酸奶和烤熟的葵花籽做出的面包。
葵花籽的香味让人垂涎欲滴。

材料（10cm×20cm 的 2 个份）

葵花籽（生）……65g

A
- 高筋面粉……250g
- 全麦粉……250g
- 干酵母……9g
- 盐……1 小勺

B
- 酸奶（无糖）……120mL
- 鸡蛋……1 个
- 菜籽油……2 大勺
- 蜂蜜……2 大勺

◎上色

鸡蛋……1 个

【准备】

- 烤盘内铺上烘焙用纸。
- 葵花籽放入平底锅内炒熟，冷却备用。
- 烤制前 20 分钟，预热烤箱至 180℃。

做法

1 将炒熟的葵花籽用咖啡研磨器磨成粉。放入大碗内，与 **A** 混合均匀。

2 将 **B** 放入稍大的量杯内，加水（分量外）至 350mL，搅拌均匀。

3 往 1 内一点点加入 2，先用打蛋器搅拌，再用木铲搅拌。

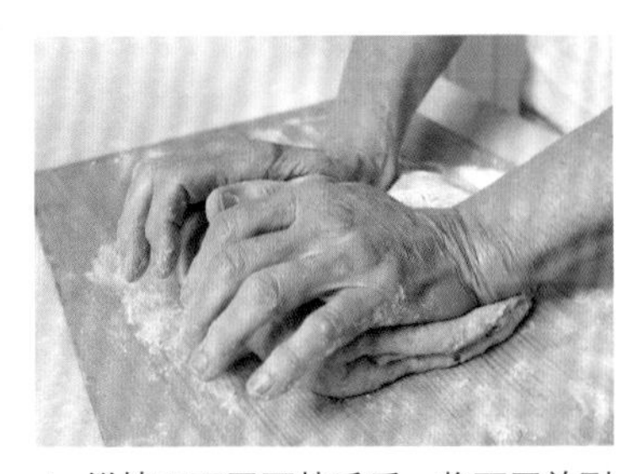

4 搅拌至面团不粘手后，将面团放到撒有高筋面粉（分量外）的操作台上，用手反复对折揉搓，中间不断撒上高筋面粉（分量外）。

5 将面团揉至光滑，表面涂上一层薄薄的油（分量外），放入碗内，裹上保鲜膜再盖上毛巾，放置温暖处发酵至面团体积变大一倍（一次发酵）。

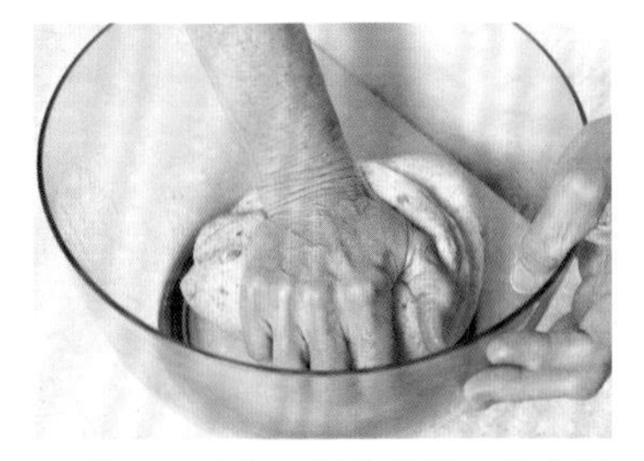

6 待面团发酵至原来体积一倍大以后，敲打面团，排出气体，再用手充分揉面，排净气体。

7 将面团一分为二，不断上下反复揉搓成椭圆形，再用手指平整缝隙处。

8 在面团表面划上几道，往上色用的鸡蛋液内倒入少量水（分量外），搅拌均匀后涂抹到面团上，裹上保鲜膜，盖上毛巾，继续放在温暖处发酵至体积变大一倍（二次发酵）。

9 在 8 的面团上涂抹剩余的鸡蛋液，将面包放入预热至 180℃的烤箱内烤 25 分钟左右，烤好后，放在冷却架上冷却。

Seven Grain Bread

七种谷物面包

七种谷物制作而成的面包，用花盆形状的模具烤制。

材料（外径 10cm 的花盆模具 2 个份）

A
- 高筋面粉……165g
- 全麦粉……165g
- 黑米粉……20g
- 荞麦粉……20g
- 玉米粉……20g
- 小麦胚芽……15g
- 白芝麻碎……15g
- 黄米……15g
- 黑砂糖……25g
- 干酵母……8g
- 盐……1½ 小勺

水……250mL

菜籽油……1 大勺

核桃……50g

◎**装饰**

黄米……适量

【准备】

- 模具内铺上烘焙用纸。
- 烤好的核桃切碎备用。
- 烤制前 20 分钟，预热烤箱至 180℃。

做法

1. **A** 放入稍大的碗内，用打蛋器搅拌均匀。
2. 稍小的碗内倒入水和菜籽油，用打蛋器搅拌均匀后，加入到 1 内。刚开始用打蛋器搅拌，再改用木铲搅拌。
3. 搅拌至面团不粘手后，将面团放到撒有高筋面粉（分量外）的操作台上，用手反复对折揉搓，中间不断撒上高筋面粉（分量外），中途加入核桃，揉均匀。
4. 将面团揉至光滑，表面涂上一层薄薄的油（分量外），放入碗内，裹上保鲜膜再盖上毛巾，放置温暖处发酵至面团体积变大一倍（一次发酵）。
5. 待面团发酵至原来体积一倍大以后，排出气体，然后将面团一分为二，整好形后放入模具内，在表面划上几道，然后裹上保鲜膜，盖上毛巾，继续放在温暖处发酵至体积变大一倍（二次发酵）。
6. 表面涂上水（分量外），再撒上黄米。放入预热至 180℃的烤箱内烤 25 分钟左右。烤好后，连同模具一并放在冷却架上，稍微冷却后脱模，然后将面包继续放在冷却架上冷却。

POINT

使用花盆模具时，需用锡纸裁剪成圆形覆盖在模具底部。侧面铺上烘焙用纸，也可以整理成 P89 葵花籽酸奶面包那样的椭圆形。

Honey Oat Bread

蜂蜜燕麦面包

燕麦的醇香与蜂蜜的微甜让人沉醉，推荐做成三明治食用。

材料（8cm×20cm 的 2 个份）

A
- 高筋面粉……175g
- 全麦粉……175g
- 燕麦粉……80g
- 干酵母……8g
- 盐……1 小勺

B
- 菜籽油……1 大勺
- 蜂蜜……2 大勺
- 鸡蛋……1 个

水……250mL

葡萄干……50g

◎**上色**

鸡蛋……1 个

◎**装饰**

燕麦粉……适量

【准备】

・烤制前 20 分钟预热烤箱至 180℃。

做法

1 **A** 放入大碗内，用打蛋器混合均匀。

2 **B** 倒入稍大的量杯内，加水（分量外）至 300mL，充分搅拌均匀后，一点点加入到 1 内，刚开始用打蛋器搅拌，再改用木铲搅拌。

3 搅拌至面团不粘手后，将面团放到撒有高筋面粉（分量外）的操作台上，用手反复对折揉搓，中间不断撒上高筋面粉（分量外），中途加入葡萄干，揉均匀。

4 将面团揉至光滑。面团表面涂上一层薄薄的油（分量外），放入碗内，裹上保鲜膜再盖上毛巾，放置温暖处发酵至面团体积变大一倍（一次发酵）。

5 待面团发酵至原来体积一倍大以后，排出气体，再将面团一分为二，参照 P89 整理成型。在面团表面划上几道，裹上保鲜膜，盖上毛巾，继续放在温暖处发酵至体积变大一倍（二次发酵）。

6 上色用的鸡蛋液内倒入少量的水（分量外），搅拌均匀后涂抹到面团上，再撒上装饰的燕麦粉。放入预热至 180℃的烤箱内烤 25 分钟左右，烤好后，放在冷却架上冷却。

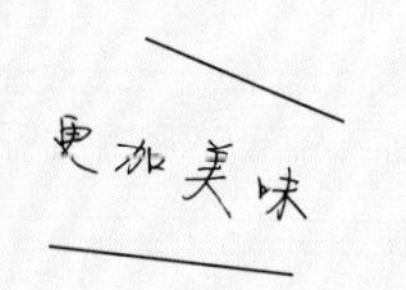

蛋糕甜点的食用方法

涂奶油或果酱

涂在面包上的奶油或果酱，在烘焙中称作“Spead”，意为“扩展”“拉薄”。在日本，司康大多都是直接食用，而在英国和美国都是抹上凝脂奶油、草莓果酱、黑加仑果酱或覆盆子果酱等再食用。建议大家可以尝试把司康烤热后，抹上黄油食用。加入其他配料的司康也可以抹上奶油或果酱，这样更好吃。玉米粉糕可以抹上黄油和蜂蜜，这样原本微甜的玉米粉糕又增添了黄油的咸香和蜂蜜的甘甜，更有层次感。

用烤箱加热

烘焙的甜点可保存数日，翌日食用时用烤箱稍微加热一下，便可如刚出炉般美味。如果你想品尝到奶酥类玛芬松脆的颗粒感，一定要烤一下再吃，玛芬还可以抹上黄油食用，这样味道更美。

下午茶时光的摆桌技巧

适合用来招待客人的各色烘焙甜点，外观可爱，夺人眼球，只是整齐地摆放在桌子上，就能营造出奢华的氛围，也可以将甜点摆放在甜品架上，尽情享受甜蜜的下午茶时光吧！

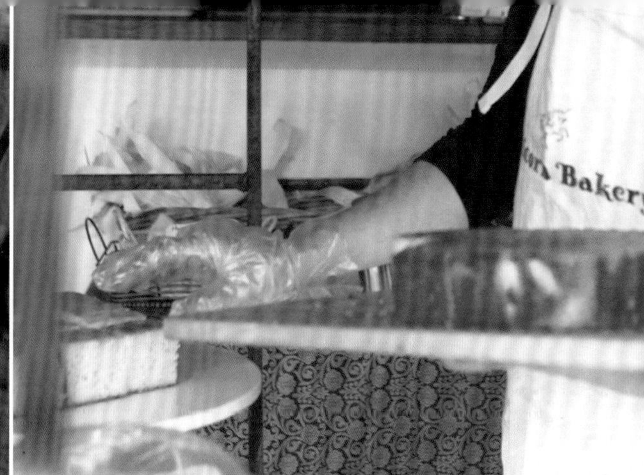

Unicorn Bakery

图书在版编目（CIP）数据

美式家庭烘焙 /（日）岛泽安从里著；唐晓艳译
. -- 南昌：红星电子音像出版社，2019.8
ISBN 978-7-83010-213-5

Ⅰ. ①美… Ⅱ. ①岛… ②唐… Ⅲ. ①烘焙—糕点加工 Ⅳ. ① TS213.2

中国版本图书馆 CIP 数据核字 (2019) 第 109511 号

责任编辑：黄成波
美术编辑：杨　蕾

美式家庭烘焙
〔日〕岛泽安从里　著　　唐晓艳　译

策划制作：北京书锦缘咨询有限公司（www.booklink.com.cn）
总 策 划：陈　庆
策　　划：肖文静
设计制作：王　青

出版发行　红星电子音像出版社
地址　南昌市红谷滩新区红角洲岭口路 129 号
邮编：330038　电话：0791-86365613　86365618
印刷　北京美图印务有限公司
经销　各地新华书店
开本　185mm × 260mm　1/16
字数　27 千字
印张　6
版次　2019 年 11 月第 1 版　2019 年 11 月第 1 次印刷
书号　ISBN 978-7-83010-213-5
定价　49.80 元

赣版权登字 14-2019-318